高职高专艺术设计专业系列教材

PHOTOSHOP
JIANZHU XIAOGUOTU SHIYONG JIAOCHENG

Photoshop 建筑效果图 实用教程

齐 欣 编著

U0190476

重庆大学出版社

图书在版编目（CIP）数据

Photoshop建筑效果图实用教程/齐欣编著.—重庆：
重庆大学出版社，2016.1（2018.3重印）
高职高专艺术设计专业系列教材
ISBN 978-7-5624-9348-8

Ⅰ.①P… Ⅱ.①齐… Ⅲ.①建筑设计—计算机辅助设
计—应用软件—高等职业教育—教材 Ⅳ.①TU201.4

中国版本图书馆CIP数据核字（2015）第171246号

高职高专艺术设计专业系列教材

Photoshop 建筑效果图实用教程
PHOTOSHOP JIANZHU XIAOGUOTU
SHIYONG JIAOCHENG

齐 欣 编著

策划编辑：蹇 佳 席远航 张菱芷
责任编辑：李仕辉 版式设计：原豆设计（孙亚楠）
责任校对：谢 芳 责任印制：张 策

重庆大学出版社出版发行
出版人：易树平
社址：重庆市沙坪坝区大学城西路21号
邮编：401331
电话：（023）88617190 88617185（中小学）
传真：（023）88617186 88617166
网址：http://www.cqup.com.cn
邮箱：fxk@cqup.com.cn（营销中心）
全国新华书店经销
重庆共创印务有限公司印刷

开本：787mm×1092mm 1/16 印张：9.75 字数：295千
2016年1月第1版 2018年3月第2次印刷
印数：2 001—4 000
ISBN 978-7-5624-9348-8 定价：49.00元

编委会

序

　　我国人口13亿之巨，如何提高人口素质，把巨大的人口压力转变成人力资源的优势，是建设资源节约型、环境友好型社会，实现经济发展方式转变的关键。高职教育承担着为各行各业培养输送与行业岗位相适应的，高技能人才的重任。大力发展职业教育有利于改善经济结构，有利于经济增长方式的转变，是实施"科教兴国，人才强国"战略的有效手段，是推进新型工业化进程的客观需要，是我国在经济全球化条件下日益激烈的综合国力竞争中得以制胜的必要保障。

　　高等职业教育艺术设计教育的教学模式满足了工业化时代的人才需求；专业的设置、衍生及细分是应对信息时代的改革措施。然而，在中国经济飞速发展的过程中，中国的艺术设计教育却一直在被动地跟进。未来的学习，将更加个性化、自主化，因为吸收知识的渠道遍布在每个角落；未来的学校，将更加注重引导和服务，因为学生真正需要的是目标的树立与素质的提升。在探索过程中，如何提出一套具有前瞻性、系统性、创新性、具体性的课程改革方法将成为值得研究的话题。

　　进入21世纪的第二个十年，基于云技术和物联网的大数据时代已经深刻而鲜活地展现在我们面前。当前的艺术设计教育体系将被重新建构，同时也被赋予新的生机。本套教材集合了一大批具有丰富市场实践经验的高校艺术设计教师作为编写团队。在充分研究设计发展历史和设计教育、设计产业、市场趋势的基础上，不断梳理、研讨、明确了当下高职教育和艺术设计教育的本质与使命。

　　曾几何时，我们在千头万绪的高职教育实践活动中寻觅，在浩如烟海的教育文献中求索，矢志找到破解高职毕业设计教学难题的钥匙。功夫不负有心人，我们的视界最终聚合在三个问题上：一是高职教育的现代化。高职教育从自身的特点出发，需要在教育观念、教育体制、教育内容、教育方法、教育评价等方面不断进行改革和创新，才能与中国社会现代化同步发展；二是创意产业的发展和高职艺术教育的创新。创意产业作为文化、科技和经济深度融合的产物，凭借其独特的产业价值取向、广泛的覆盖领域和快速的成长方式，被公认为21世纪全球最有前途的产业之一。从创意产业发展的视野，谋划高职艺术设计和传媒类专业教育改革和发展，才能实现跨越式的发展；三是对高等职业教育本质的审思，即从"高等""职业""教育"三个关键词，高等职业教育必须为学生的职业岗位能力和终身发展奠基，必须促进学生职业能力的养成。

　　在这个以科技进步、人才为支撑的竞争激烈的新时代，实现孜孜以求的综合国力强盛不衰、中华民族的伟大复兴，科教兴国，人才强国，赋予了职业教育任重而道远的神圣使命。艺术设计类专业在用镜头和画面、用线条和色彩、用刻刀与笔触、用创意和灵感，点燃了创作的火花，在创新与传承中诠释着职业教育的魅力。

重庆工商职业学院传媒艺术学院副院长

教育部高职艺术设计教学指导委员会委员

徐　江

前　言

　　建筑设计及建筑装饰行业常见的效果图分为二维效果图和三维效果图，一般使用3DMax软件或AutoCAD软件绘制，但由于软件功能和制作时间的限制，均不能达到自然、和谐的画面效果。行业中通常在使用上述软件进行建模、材质和渲染完成建筑效果图的初步设计后，再使用图像处理软件Photoshop对初步设计的建筑效果图进行配景、调整和优化的后期处理工作，以使其达到设计所需的满意效果。就行业现状来看，利用Photoshop软件进行后期处理是建筑效果图设计必不可少的环节。为了使广大初学者对建筑效果图后期处理工作有一个较全面的了解并能使用Photoshop软件进行建筑效果图的后期处理工作，我们特意编写了本书。传统的关于Photoshop软件的教材大多注重介绍软件操作的完整性，往往侧重于按照软件结构分章节编写，其优点在于能较全面地展示各工具和命令的操作方法，而不足之处在于内容过于烦琐和细化，不利于学生对实际工作任务的整体认识，往往造成学生在学习过程中只能完成各工具和命令的基本操作却对实际的工作项目束手无策的结果。

　　本书在编写时，注重软件操作和实际工作任务的结合。作者在接触了大量实际案例之后，按照由浅入深，由简单到复杂的规律选择了有代表性的6个项目，分别是室外效果图配景、道路景观效果图绘制、室内效果图后期处理、家装彩平渲染图绘制、建筑单体人视图后期制作、公园鸟瞰图后期制作。将Photoshop软件的知识点融入实际设计项目中，使学生能够有针对性地、系统地、全面地了解Photoshop软件的操作技巧在解决实际工作问题、完成实际工作任务时的方法。

　　建筑效果图后期处理是一门综合设计的艺术，它不仅需要设计师能够灵活掌握Photoshop软件的操作技巧，还需要设计师有较好的审美修养和一定的造型能力作为基础。本书仅仅对Photoshop软件在建筑效果图后期处理中的运用进行了讲解，就整个建筑效果图制作而言还只是冰山一角，若想制作出自然、和谐的建筑效果图还需要在实际工作中不断积累经验。由于时间有限，书中难免有不妥之处，恳请广大读者批评指正。

　　最后，感谢武汉火石品筑设计有限公司为本书提供了大量的实际案例，感谢武汉火石品筑设计有限公司设计总监李平先生、武汉城市职业学院文化创意与艺术设计学院教学院长余辉先生、武汉城市职业学院文化创意与艺术设计学院建筑装饰设计教研室主任胡爱萍女士对本书编写工作的指导。

编　者

二〇一五年七月

目 录

基础知识篇

PHOTOSHOP JIANZHU XIAOGUOTU
SHIYONG JIAOCHENG

1.1

建筑效果图基础知识

我们常说的建筑效果图就是把环境景观建筑用写实的手法通过图形的方式进行传递，它是设计师用视觉语言展示设计意图的一种手段。简单地说，效果图即是在建筑、装饰施工之前，通过施工图纸把施工后的实际效果用真实和直观的视图表现出来，让大家能够一目了然地看到施工后的实际效果。

1.1.1 建筑效果图的种类

（1）建筑效果图

建筑效果图根据其表现场景的不同分为室外建筑效果图和室内建筑效果图。顾名思义，室外建筑效果图就是以展示建筑外观为主的效果图。室外建筑效果图，根据其绘制景色的不同还可分为：日景、夜景、黄昏等(图1-1、图1-2)。

图1-1 万达广场日景效果图

图1-2 万达广场夜景效果图

根据拍摄角度不同，室外建筑效果图还可分为人视图和鸟瞰图（图1-3、图1-4）。鸟瞰图是根据透视原理，用高视点透视法从高处某一点俯视地面起伏绘制成的立体图。相对于鸟瞰图而言，人视图其实就是从人正常观察事物的角度绘制的设计图，这在建筑设计图中经常可以看见。

图1-3 小区建筑人视图

图1-4　公园鸟瞰图

室内建筑效果图则主要有家装图和公装图两种（图1-5、图1-6）。

图1-5　家装效果图

图1-6　公装效果图

（2）二维渲染图

二维渲染图主要分为建筑规划图、室内平面渲染图、建筑立面图和建筑剖面图。

建筑规划图一般指场景较大的渲染图，如小区规划图、公园规划图等（图1-7）。

图1-7　医院规划图

在一些商品房宣传单上，经常会看到如图1-8所示的室内彩平渲染图，即大家常说的户型图。室内彩平渲染图主要用于展示建筑内部布局，以家装图为主。

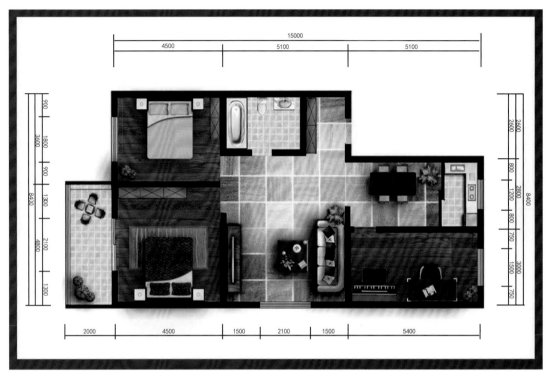

图1-8　家装彩平渲染图

1.1.2　计算机进行建筑效果图制作的流程

使用计算机进行建筑表现的制作流程与传统手绘建筑效果图有许多类似之处。手绘建筑效果图，首先是绘制"草图"，然后是着色、最终调整等。而用计算机"绘制"建筑效果图也是一样，先在三维软件中创建建筑模型即"草图"，接着将其导入平面软件中进行色调、明暗的调整以及添加各种配景素材，最后进行细节的完善。

一般将建筑效果图的制作分为两个部分：前期制作和后期处理。前期制作是在三维软件中创建主体模型并完成渲染输出。而后期处理是将在三维渲染软件中渲染输出的"草图"进行再加工，最大限度地体现建筑的建筑感和艺术感。可以这么说，一幅建筑效果图的成功与否，关键在于设计人员在后期处理工作中能否完美地把握作品的整体效果。

建筑效果图的一般创作流程是：创建模型—材质、灯光、渲染输出—后期制作。

关于Photoshop

建筑效果图的制作还可分为三维部分和二维部分，其应用软件也是三维软件与平面软件相结合。前期的模型创建、材质灯光以及渲染是在三维软件中完成的，最常用的三维软件有3ds Max、VIZ等。在后期处理中使用的软件非常多，包括Adobe Photoshop、Aldus Photostyle、Aldus Gallery Effect以及Fractral Painter等，其中最常用的即是Photoshop。

Adobe Photoshop是在PC和MAC上最为流行的图像编辑应用程序，1990年由Adobe公司首次推出。在建筑效果图的绘制过程中，Photoshop主要用于后期制作。

1.2.1 像素和分辨率的概念

（1）像素

在计算机绘图中，像素是构成图像的最小单位。像素越高，拥有色板越丰富，就越能表达颜色的真实感。

（2）分辨率

常见的分辨率主要分 4 类：第一类为图像分辨率，第二类为输出分辨率，第三类为位分辨率，第四类为显示分辨率。

● 图像分辨率　图像分辨率是指图像中每单位打印长度显示的像素数目，通常用"像素／英寸"来表示。

高低分辨率的区别在于图像中包含的像素数目，在相同打印尺寸下，分辨率越高，则图像中像素数目越多，像素点越小，保留的细节就越多。因此在打印图像时，高分辨率比低分辨率图像更能详细精致地表现图像中细节和颜色的转变，而如果用较低的分辨率扫描图像或是在创建图像时设置了较低的分辨率，以后即使再提高分辨率，也只是将原始像素信息扩展为更大数量的像素，这样操作几乎不会提高图像的品质。而如果图像分辨率很高时也会占用很大内存，在打印时速度就会很慢。

在实际应用中，应根据自己的需要来设置分辨率，如网页中一般设定"72像素／英寸"即可，而印刷彩色图片时一般将图像分辨率设置为"300像素／英寸"。

● 输出分辨率　输出分辨率是指激光打印机或照排机等输出设备在输出图像时每英寸所产生的油墨点数，单位通常用"像素／英寸"来表示。

● 位分辨率　位分辨率是用来衡量每个像素所保存的颜色信息的位元素。例如一个24位的RGB图像，表示其各原色R、G、B均使用8位，三原色之和为24位。RGB图像中，每个像素均记录R、G、B三原色值，因此每一个像素所保存的位元数为24位。

● 显示器分辨率　显示器分辨率是显示器中每单位长度显示的像素数目，单位以"点／英寸"来表示。常用普屏的显示器为1024x768，宽屏为1366x768，也就是水平分布了1024或1366个像素，垂直分布了768个像素。

1.2.2 矢量图与位图

（1）矢量图

矢量图也称为面向对象的图像或绘图图像，如AutoCAD等软件就是以矢量图形为基础进行创作的。矢量文件中的图形元素称为对象，每个对象都是一个自成一体的实体，它具有颜色、形状、轮廓、大小和屏幕位置等属性。既然每个对象都是一个自成一体的实体，就可以在维持它原有清晰度和弯曲度的同时多次移动和改变它的属性，而不会影响图例中的其他对象。这些特征使基于矢量的程序特别适用于图例和三维建模，因为它们通常要求能创建和操作单个对象。如图1-9为利用AutoCAD软件绘制出的矢量图。

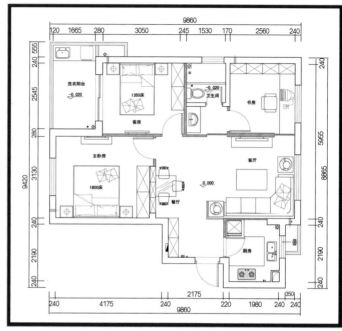

图1-9

（2）位图

位图又称光栅图，也称为点阵图像或绘制图像，是由像素的单个点组成的。这些点可以进行不同的排列和染色以构成图样。在Photoshop中绘制的建筑效果图即是位图的形式（图1-10）。当放大位图时，可以看见整个图像赖以构成的无数个方块。扩大位图尺寸的效果是增多单个像素，但会使线条和形状显得参差不齐，缩小位图尺寸也会使原图变形，因为原理是通过减少像素来使整个图像变小的。同样，由于位图图像是以排列的像素集合体形式创建的，所以不能单独操作局部位图。

图1-10

点阵图像是与分辨率有关的，即在一定面积的图像上包含有固定数量的像素。因此，如果在屏幕上以较大的倍数放大显示图像，或以过低的分辨率打印，位图图像都会出现锯齿边缘。

1.2.3　常用图像色彩模式

在学习Photoshop的操作之前，了解模式的概念是很重要的。因为色彩模式是决定显示和打印电子图像的色彩模型，即一幅电子图像用什么方式在计算机中显示或打印输出。常见的色彩模式包括位图模式、灰度模式、双色调模式、HSB（色相、饱和度、亮度）模式、RGB（红、绿、蓝）模式、CMYK（青、洋红、黄、黑）模式、Lab模式、索引模式、多通道模式以及8位／16位通道模式，每种模式的图像描述和重现色彩的原理及所能显示的颜色数量是不同的。

（1）HSB模式

HSB模式是基于人眼对色彩的观察来定义的。在此模式中，所有的颜色都用色相、饱和度、亮度3个特性来描述。

（2）RGB模式

RGB模式是基于自然界中3种基色光的混合原理，将红(R)、绿(G)和蓝(B)3种基色按照从0（黑）～255（白色）的亮度值在每个色阶中分配，从而指定其色彩。当不同亮度的基色混合后，便会产生出256x256x256种颜色，约为1670万种。正因为RGB的色域或颜色范围要比其他色彩模式宽广得多，所以大多数显示器均采用此种模式。

（3）CMYK模式

CMYK颜色模式是一种印刷模式。其中4个字母分别指青(Cyan)、洋红(Magenta)、黄(Yellow)、黑(Black)，在印刷中代表4种颜色的油墨。CMYK模式颜色合成可以产生黑色，因此也称它们为减色。较亮（高光）颜色指定的印刷油墨颜色百分比较低，而为较暗（暗调）颜色指定的百分比较高。在准备用印刷色打印图像时，应使用CMYK模式，尽管CMYK是标准颜色模型，但是其精准的颜色范围随印刷和打印条件而变化，Photoshop中的CMYK模式因"颜色设置"对话框中指定的工作空间设置而异。

（4）Lab模式

Lab模式的原型是由CIE协会在1931年制定的测定颜色的标准，1976年被重新定义并命名为CIELab。此模式解决了由于不同的显示器和打印设备所造成的颜色幅值的差异，也就是它不依赖于设备。

Lab颜色是以一个亮度分量L及两个颜色分量a和b来表示颜色的。其中，L的取值范围是0～100，a分量代表由绿色到红色的光谱变化，而b分量代表由蓝色到黄色的光谱变化，a和b的取值范围均为－120～120。

Lab模式所包含的颜色范围最广，能够包含所有的RGB和CMYK模式中的颜色。CMYK模式所包含的颜色最少，有些在屏幕上看到的颜色在印刷品上却无法实现。

1.2.4　常见的图像文件格式

（1）Photoshop（*.PSD）

此格式是Photoshop本身专用的文件格式，也是新建文件时默认的存储文件类型。此种文件格式不仅支持所有模式，还可以储存图像的每一个细节，包括文件的图层、参考线、Alpha通道等属性信息。该格式的优点是保存的信息多，缺点是文件尺寸较大。

（2）BMP（*.BMP）

BMP是Windows操作系统中"画图"程序的标准文件格式。此格式与大多数Windows和OS/2平台的应用程序兼容。该图像格式采用的是无损压缩，因此，其优点是图像完全不失真，而缺点是图像文件的尺寸较大。BMP格式支持RGB、索引(Indexed)、灰度(Grayscale)及位图(Bitmap)等颜色模式，但无法支持含Alpha通道的图像信息。

（3）JPEG（*.JPG）

JPEG格式是常用的图像格式，但是它采用的是具有破坏性的压缩方式。就目前来说，以JPEG格式保存的图像文件多用于作为网页素材的图像。JPEG格式支持真彩色、CMYK、RGB和灰度等颜色模式，但不支持Alpha通道。

（4）GIF（*.GIF）

GIF格式为256色RGB图像，其特点是文件尺寸较小，支持透明背景，特别适合作为网页图像。此外，还可利用ImageReady制作GIF格式的动画。

（5）TIFF（*.TIFF）

TIFF格式是一种既能用于Mac，又能用于PC的灵活的位图图像格式。它在Photoshop中支持24个通道，是除了Photoshop自身格式之外唯一能储存多个通道的文件格式。

（6）PDF（*.PDF）

PDF（Portable Document Format）是由Adobe Systems创建的一种文件格式，允许在屏幕上查看电子文档。PDF文件还可被嵌入Web的HTML文档中，它与BMP格式一样不支持Alpha通道。PDF格式支持JPEG和ZIP压缩，但位图模式除外，如果在Photoshop中打开其他应用程序创建的PDF文件时，Photoshop将对文件进行栅格化处理。

1.2.5 认识Photoshop的操作界面

图1-11为Photoshop的操作界面。

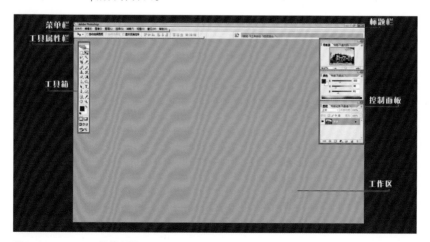

图1-11 Photoshop操作界面

（1）标题栏

标题栏位于界面的最上方，显示为蓝色区域，其左侧为软件图标与名称。当工作区中的图像窗口显示为最大状态时，标题栏还将显示当前编辑文档的名称。

（2）菜单栏

菜单栏位于标题栏的下方，单击任意一个菜单，将会弹出相应的下拉菜单。其中包括很多命令，选取任意一个即可实现相应的命令操作。

（3）工具箱

工具箱位于界面的左侧，包含Photoshop中的各种图形绘制、图像处理工具和文字输入工具。大部分的工具右下侧都有一个黑色的小三角，右击工具图标即可将工具组中隐藏的工具显现出来。

（4）工具属性栏

属性栏位于菜单栏下方，显示工具箱中当前选择的工具的参数和选项设置。在工具箱中选择不同的工具，属性栏中显示的选项与参数也各不相同。

（5）控制面板

控制面板默认位于界面的右侧，目前Photoshop中提供的控制面板有16个，例如图层、通道、路径面板、历史记录、动作等。

（6）工作区

工作区是指Photoshop工作界面中的大片灰色区域，这里汇总并显示所有的操作结果，图像的绘制即在工作区完成。

1.2.6 Photoshop文件操作及管理

（1）新建文件

执行"文件"→"新建"命令（快捷键Ctrl+N），即弹出新建文件对话框（图1-12）。

在名称一栏中可输入新建文件的名字，中、英文皆可；在预设下拉列表中可以选择所需的纸型如

A4、A5等；而在宽度与高度设置中一定要注意单位，一般有7种单位：英寸、像素、厘米、毫米、派卡、点和列；在颜色模式中有5种模式：位图、灰度、RGB、CMYK、Lab，通常都选择RGB或CMYK颜色模式；最后设定背景色，即图像背景颜色。

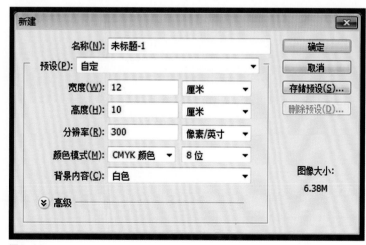

图1-12

（2）打开文件

执行"文件"→"打开"命令（快捷键Ctrl+O）或者双击工作区，便会弹出"打开文件对话框"。

（3）保存文件、添加注释信息

在Photoshop中保存文件的方式主要有两种："存储"与"存储为"。如果只是对新建文件进行保存的话，这两个命令一样，都是将当前文件命名后保存，而且都会弹出如图1-13所示的对话框。

但如果是对打开的文件编辑后保存时，就应该注意它们的不同。"存储"是在覆盖原文件的基础上直接进行保存，不弹出"存储为"对话框；而"存储为"命令会弹出"存储为"对话框，它是在原文件不变的基础上将编辑的文件重新命名保存为新的文件。

图1-13

（4）导入、导出文件

在Photoshop中可以输入不同文件格式的图像，执行"文件"菜单中"导入"命令即可。

在"文件"菜单"导出"命令下，选择"路径到Illustrator"将会弹出一个导出路径对话框（图1-14）。

通过此命令可以将Photoshop中【钢笔工具】 绘制的任何路径转换为Illustrator的文件格式，这项功能可以帮助用户在两个软件中联合处理图像。

图1-14

1.2.7 Photoshop基本图像编辑

（1）辅助标尺、参考线和网格线

在"视图"菜单中单击"标尺"（快捷键Ctrl+R）即可显示或隐藏标尺。如图1-15所示为显示标尺状态下的文件。

在"视图"菜单中单击"显示"选择"网格"命令，即可显示网格；在"视图"菜单中选择"新建参考线"，弹出如图1-16所示的新建参考线对话框。

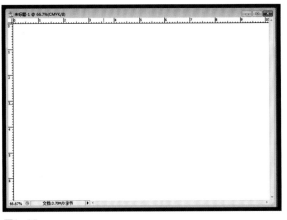

图1-15

我们可以先选择一个水平或垂直的取向，然后在位置上输入一个距离，即可创建一条参考线。

（2）图像和画布尺寸的调整

选择"图像"菜单中"图像大小"命令，就会弹出一个如图1-17所示的对话框。如果修改宽度、高度尺寸或修改分辨率，都会影响图像的大小。

选择"图像"菜单中"画布"命令，就会弹出一个如图1-18所示的"画布大小"对话框。改变画布的大小不会影响图片的尺寸和分辨率。

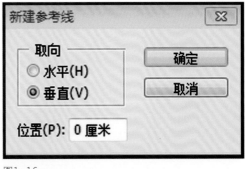

图1-16

图1-17   图1-18

（3）图像的缩放

①缩放工具

缩放工具可以将图像成比例地放大或缩小显示，单击工具箱中【缩放工具】按钮🔍。在图像窗口中用鼠标拖动一个矩形虚线框，释放鼠标即可将虚线框中图像放大。

放大图像可以使用快捷键Ctrl+"+"，缩小图像可以使用快捷键Ctrl+"-"。

②手抓工具

【手抓工具】🖐是可以通过移动画面来看卷动栏以外图像区域的工具。双击手抓工具，可以使整幅画显示在屏幕上。

如果在使用其他工具时想移动图像，可以用快捷键空格键拖动图像。在使用手抓工具时，配合Ctrl或Alt键可以对图像放大或缩小。

（4）裁切图像

使用【裁切工具】🔲可以通过整齐地裁切选择区域以外的图像来调整画布大小。

确认一个文件为选择状态，接着使用【裁切工具】在图像中要保留的部分上单击并拖移，创建一个选框。按Enter键，图像被裁切。如图1-19所示为使用【裁切工具】创建选区后的效果，图1-20为裁切后的效果。

图1-19

图1-20

小 结

　　"基础知识篇"这一部分主要讲述了Photoshop的基本概念和文件操作及管理，同时也包括了Photoshop的一些基本图像编辑。千里之行，始于足下，掌握基础是以后进一步学习的先行条件。

2.

初级篇
（场景设计）

2.1

建筑效果图配景

在建筑效果图中，建筑物是主体，但它不是孤立的存在，须安置在协调的配景之中才能使一幅建筑效果图完美。除重点表现的建筑物是画面的主体之外，大量的配景要素是不可缺少的。所谓配景要素，就是指突出衬托建筑物效果的环境部分。本案主要从制作天空、草地、植物三方面入手来完善画面的视觉效果。

2.1.1　选择工具的应用

选择几乎是Photoshop中一切操作的前提，本案例介绍制作建筑效果图配景最常用的【选框工具】【套索工具】【魔棒工具】。

（1）选框工具

【选框工具】是一个工具组，在工具箱中单击矩形选框工具片刻，弹出下拉列表菜单，其中包括【矩形选框工具】【椭圆选框工具】【单行选框工具】【单列选框工具】(图2-1)。

图2-1

①矩形选框工具：使用【矩形选框工具】[ ]可以方便地在图像中制作出长宽随意的矩形选区。操作时，只要在图像窗口中按下鼠标左键同时移动鼠标，拖动到合适的大小松开鼠标，即可建立一个简单的矩形选区。操作过程如图2-2所示。

图2-2

提　示

● 按住Alt键用【矩形选框工具】拖动矩形选区，可得到以鼠标起点为中心的矩形选区；

● 按住Shift键用【矩形选框工具】拖动矩形选区，得到正方形选区；

● 按住Alt+Shift组合键用【矩形选框工具】拖动矩形选区，得到以鼠标起点为中心的正方形选区。

②椭圆形选框工具：制作椭圆形选区，需要使用【椭圆选区工具】[ ]，此工具的使用方法与【矩形选框工具】的使用方法基本相同。

③单行（列）选框工具：【单行选区工具】[ ]或【单列选区工具】[ ]可将选区定义为1个像素宽的行或列，从而得到单行或单列选区。使用此工具制作选择区域并填充颜色，可以得到直线。

④关于【选框工具】的工具属性栏：在使用【选框工具】创建选区时，工具属性栏如图2-3所示。

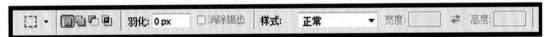

图2-3

其一，[ ][ ][ ][ ]为选择方式，其操作如图2-4所示：

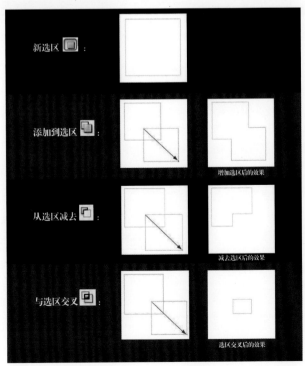

图2-4

其二，设置羽化参数 羽化: 0 px 可以有效地消除选择区域中的硬边界并将它们柔化，使选择区域的边界产生朦胧渐隐的过渡效果。该参数的取值范围是0～250像素，取值越大，选区的边界会相应变得越朦胧。图2-5为未进行羽化的效果，图2-6为羽化后的效果。

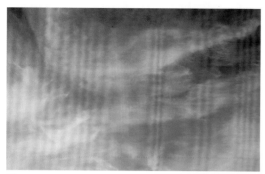

图2-5

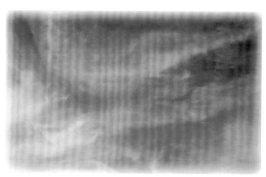

图2-6

其三，选区的样式选项 样式: 正常 ▼ 可以精确地确定选区的长宽特性。

2.1.2　套索工具的应用

（1）套索工具

【套索工具】 用来制作不规则选区，操作如下：

①选择【套索工具】，并在其工具属性栏中设置适当的参数。

②按住鼠标左键围绕需要选择的图像拖动光标。

③要闭合选区，释放鼠标左键即可。

（2）多边形套索工具

【多边形套索工具】 用于制作多边形不规则选区，操作如下：

①选择【多边形套索工具】，并在其工具属性栏中设置适当的参数。

②单击图像以设置选择区域的起始点。

③围绕需要选择的图像，不断单击左键以确定节点，节点与节点之间将自动连接成为选择线。

④如果在操作中出现错误操作，按Delete键可删除最近的节点。

⑤要闭合选择区域，将光标放在起点上，此时光标旁边会出现一个闭合的圆圈，单击即可。如果光标在未起始的其他位置，双击鼠标也可以闭合选区。

提　示

①使用【套索工具】 和【多边形套索工具】 工作时，可以根据需要在两者之间灵活切换，其转换键为Alt键。

②在使用【多边形套索工具】时，按住Shift键，可按水平、垂直或45度方向定义边线。

技巧练习：配景楼体的选择

①打开"配套文件"/"初级篇1"/"技巧练习"/"配景楼体.jpg"文件（图2-8）。

②使用【多边形套索工具】 选取楼体（图2-9）。

图2-8

图2-9

③当光标放在起点上时，得到楼体选区（图2-10）。使用【移动工具】 ▶♣ 将选区内的图像移出，配景楼体选取完毕，结果如图2-11所示。

图2-10

图2-11

提　示

在使用配景楼体素材时，大部分图像会被主楼体或其他配景遮盖，所以在选择配景楼体素材时不需要过分细致，只要不将背景选择在内就可以。

（3）磁性套索工具

【磁性套索工具】 可以根据图像的对比度自动跟踪图像的边缘，并沿边缘生成选择区域。使用磁性套索工具时，可以在其对应的工具属性栏中设置不同的参数（图2-12）。

图2-12

①宽度：即设置利用【磁性套索工具】定义边界时，系统能够检测边缘宽度。其取值范围为1～40，数值越小，检测范围越小。

②边对比度：用于边缘对比度。其取值范围为1%～100%，数值越大，对比度越大，边界定位越准确。

③频率：用于设置定义边界时的节点数，这些节点起到了定位选择的作用。其取值范围为0～100，数值越大，产生的节点越多。

技巧练习：利用磁性套索选取人物素材

图2-13　原图与合成效果对比

①打开"配套文件"／"初级篇1"／"技巧练习"／"人物.jpg"文件（图2-14）。

②使用【磁性套索工具】 ，任选人物轮廓边缘的某一点为起始点，单击鼠标左键后，沿轮廓边缘轻移鼠标，此时可见选择线及节点（图2-15）。

图2-14　　　　　　　　图2-15

提　示

为了使选择的图像更精确，可按住Ctrl+　"+"快捷键，将图像放大。

③继续使用【磁性套索工具】 沿人物轮廓轻移鼠标直到终点与起始点闭合，此时选择线变为选区（图2-16）。

④打开"配套文件"/"初级篇1"/"技巧练习"/"背景图片.jpg"文件（图2-17）。

图2-16

图2-17

⑤使用【移动工具】▶➕，将选区内的图像移动至背景图片（图2-18）。

图2-18

2.1.3　魔棒工具

【魔棒工具】🪄是以图像中相近的色素来建立选取范围。在选取时，可以选取图像颜色相同或相近的区域。

在工具箱中选取【魔棒工具】🪄后，针对选择物体的不同，可以在其属性栏中进行设置（图2-19）。

图2-19

①容差：用于设置颜色选取范围，其范围为0～255。数值越小，选取的颜色越接近，即选取的范围越小。如图2-20为【容差】值为32时选取的颜色范围，图2-21为【容差】值为80时选取的色彩范围。

②连续区域：默认情况下，该复选框被选中，表示仅选择连续区域；如果取消选择该复选框，表示系统将对整个图像进行分析，然后选取与单击点颜色相近的全部区域。

③用于所有图层：若要使用所有可见图层中的数据选择颜色，可选中"用于所有图层"复选框。否则，将只从现有图层中选择颜色。

图2-20

图2-21

2.1.4　图层的概念及相关应用

（1）图层概述

　图层就像是含有文字或图形等元素的胶片，一张张按顺序叠放在一起，组合起来形成页面的最终效果。

在Photoshop中，图层间是彼此独立的个体，用户可以任意修改或改变某个图层中的图像，而不用担心会破坏其他图层中的图像。

图层的基本操作主要包括图层的创建、显示、修改、复制以及删除等，用户只有熟练应用这些基本操作后，才会对图层的应用游刃有余。

（2）图层控制面板

图2-22显示了"图层"控制面板的基本组成元素。

（3）图层的基本操作

图层的基本操作包括新建图层、复制图层、删除图层、改变图层顺序。当然在制作复杂效果图时会遇到更多图层操作的

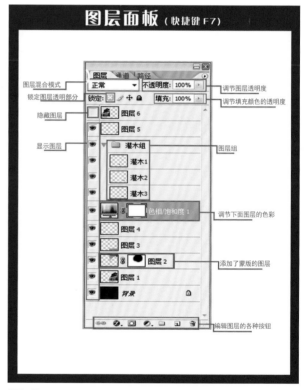

图2-22

问题，在以后的项目中会逐一讲解。现在介绍图层基本操作的常用方法。

①新建图层

单击"图层"面板下方的"创建新的图层"按钮，即可创建新图层。也可使用快捷键Ctrl+Shift+N。

②复制图层

选择要复制的图层，将其拖动到"创建新的图层"按钮上，即可复制图层。也可使用快捷键Ctrl+Alt，然后拖动要复制的图层。

项目实施

图2-23 原图及合成效果图对比

任务一 制作天空

①打开"配套文件"/"初级篇1"/"项目实施"/"人物.jpg"文件(图2-24)。

②绘制天空效果：使用【魔棒工具】，在工具属性栏中将容差值设置为32，单击原图中天空部分则可选中大部分天空图像(图2-25)。

图2-24

图2-25

③在【魔棒工具】属性栏中选择【添加选区】按钮，选取天空细节(图2-26)。

图2-26

④打开"配套文件"/"初级篇1"/"项目实施"/"天空.jpg"文件(图2-27)。使用【矩形选框】工具 [ ]，将原图中的选区移动到"天空.jpg"文件中（图2-28）。

⑤使用【移动工具】 ▶♦ ，将选区中的图像移动到原图上（图2-29）。

图2-27

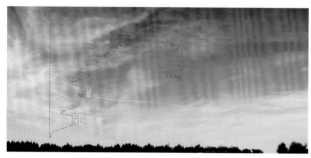

图2-28

图2-29

任务二　制作草地

①打开"配套文件"/"初级篇1"/"项目实施"/"草地.jpg"文件。

②使用【多边形套索工具】 [ ]，选取原图中地面部分（图2-30）。

图2-30

③使用【矩形选框】工具 ，将选区移动到草地文件中（图2-31）。

④使用【移动工具】 ，将选区中的图像移动到原图中（图2-32）。

图2-31　　　　　　　　　　　　　　　　　　　　　　图2-32

任务三　制作路面

①使用【多边形套索】工具 ，在原图中制作路面选区（图2-33）。

②打开"配套文件"/"初级篇1"/"项目实施"/"路面.jpg"文件，将绘制好的路面选区移动到"路面.jpg"文件中（图2-34）。

图2-33　　　　　　　　　　　　　　　　　　　　　　图2-34

③使用【移动工具】 ，将选区中的图像移动到原图中，效果如图2-35所示。

任务四　制作路旁植物

打开"配套文件"/"初级篇1"/"项目实施"/"矮花灌木.psd"文件和"灌木球.psd"文件，使用【移动工具】 ，将其移动到原图文件中，得到最终效果。如图2-36所示，室外效果图的配景制作完毕。

图2-35

图2-36

项目小结

　　本案的操作主要运用了Photoshop中最常用的选框工具、套索工具、魔棒工具和移动工具。操作虽然简单，但要融会贯通，即在不同情况下能灵活选择不同工具来完成工作任务。跬步千里，掌握好基础工具的使用是今后制作复杂建筑效果图的基础。

作　业

　　结合本案所学，对"配套文件"/"初级篇1"/"作业"/文件夹中的"原图.jpg"文件，进行后期配景处理，最终效果可参考图2-37。

原图

图2-37

道路景观效果图绘制

图2-38

在制作道路景观效果图时，准确地把握空间效果至关重要。因为对空间表现的失真会使各相关部位出现不协调感，并给用户造成错觉。而准确地把握画面的透视关系，是空间表现的关键。

我们将要绘制的这幅道路景观效果图（图2-38），采用的是一点透视（也称平行透视）的方法。即建筑物长、宽、高三组方向的轮廓线，有两组平行于画面，另一组垂直于画面，并且三组轮廓线聚集于一个消失点（图2-39）。一点透视表现范围广，纵深感强，极适合表现公路的效果。

图2-39

2.2.1 关于前景色与背景色

（1）选择前景色与背景色

Photoshop中的画布颜色和绘图色彩都能够进行调整，这两种颜色通常通过工具箱中的前景色与背景色来设置。

前景色是用于绘图的颜色，要设置前景色，可以单击工具箱中的前景色图标，在弹出的"拾色器对话框"中进行设置。"拾色器对话框"（图2-40）。

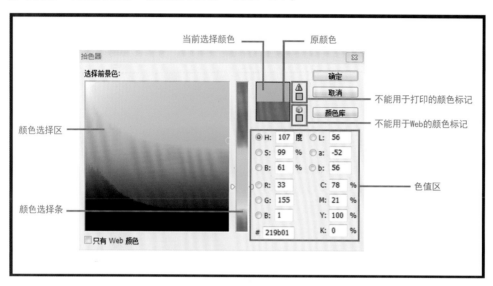

图2-40

设置前景色的方法如下：

方法一：拖动颜色选择条中的滑块，以设定一种基色。在颜色选择区中单击选择所需要的颜色，单击"确定"按钮即可。

方法二：如果明确知道所需颜色的色值，可以在色值区的数值输入框中直接输入颜色值或颜色代码。

背景色是画布的颜色，根据绘图需要，可以设置不同的颜色，其设置方法与前景色相同，这里不再一一详述。

（2）填充前景色与背景色

填充前景色可使用【油漆桶工具】 。在没有选区的情况下，填充面积为整幅画面；若已经有选区存在，则填充的是选区内的面积（图2-41）。

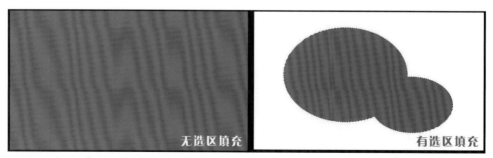

图2-41

填充前景色或背景色也可执行"编辑"→"填充"命令，其中填充前景色的快捷键为Alt+Delete，填充背景色的快捷键为Ctrl+Delete。

2.2.2 绘图工具

在Photoshop中用于绘图的工具包括【画笔工具】 和【铅笔工具】 。

（1）【画笔工具】的基本操作

利用【画笔工具】 可以绘制边缘柔软的线条。选择工具箱中的【画笔工具】，并设置如图2-42所示的画笔工具属性栏即可进行绘画操作。

图2-42

- 画笔：在此下拉列表中可调节笔画大小及硬度。
- 模式：在此下拉列表中可选择用笔刷工具作图时的混合模式。
- 不透明度：此数值用于设置绘制效果的不透明度，其中100%表示完全不透明，而0则表示完全透明。
- 流量：此选项可以设置作图时的速度，数值越小，用笔刷绘图的速度越慢。

（2）【铅笔工具】的基本操作

使用【铅笔工具】 可以绘制自由手画线。在工具箱中选择铅笔工具，显示如图2-43所示的工具属性栏。

图2-43

【铅笔工具】与【画笔工具】基本相同，不同之处是【铅笔工具】画出的线条，全部是硬边效果，而画笔工具则可画出软边效果。

提示

在使用画笔工具和铅笔工具时，按Shift键可画直线。

2.2.3 填充色彩工具

（1）【渐变工具】的基本操作

【渐变工具】 用于创建不同颜色间的混合过渡效果。图2-44为渐变工具的工具属性栏。

图2-44

● 渐变色条 单击渐变色条右侧的黑三角按钮,可以打开一个下拉调板(图2-45),在调板中可以选择系统预设的渐变。

大多数时候,我们需要使用自定义的渐变。单击渐变条,可以打开"渐变编辑器"对话框(图2-46),在对话框中可以自定义渐变颜色。

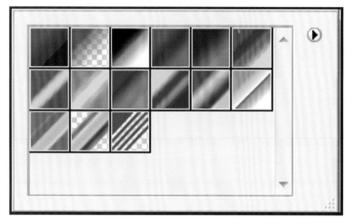

图2-45

图2-46

● 渐变类型 在渐变工具选项栏中有5种渐变类型,分别为"线性渐变""径向渐变""角度渐变""对称渐变"和"菱形渐变"。

● 模式 用来设置渐变颜色与下面图像的混合模式。此混合模式的作用与图层调板中混合模式选项的作用相同。

● 不透明度 用来设置渐变效果的不同透明度。

● 反向 选择此选项,可以控制色彩的显示,使渐变效果更加平滑。

● 透明区域 如果渐变填充色中有透明部分,选择此选项,则透明部分不被色彩填充。如果取消选择,则透明部分被色彩填充。

使用【渐变工具】时,首先在工具属性栏中设置好渐变颜色和选项,然后在图像中单击并向其他方向拖动鼠标,放开鼠标后即可创建渐变。

(2)【油漆桶工具】的基本操作

【油漆桶工具】 是填充工具的一种,它可以给制定容差范围内的颜色填充前景色或图案。其工具属性栏如图2-47所示。

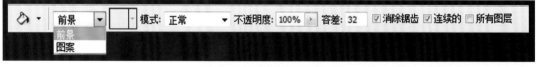

图2-47

● 填充 在此下拉列表菜单中可以选择一种填充方式。选择"前景"选项,以前景色填充;选择"图案"选项,则用图案填充。图2-48为填充前景色的效果。

图2-48

● 图案　当在"填充"下拉列表中选择"图案"选项时，此选项才被激活，单击右侧的三角形按钮，弹出"图案列表框"（图2-49）。在"图案列表框"中选择一种图案进行填充即可，图2-50为填充图案后的效果。

图2-49

图2-50

2.2.4　图层的相关应用

（1）图层组

在制作较大场景的效果图时，用到的图层数很多，这将给查找图层带来困难。此时若使用图层组来管理图层，不仅可以快速找到需编辑的图层，还能集中对某类图层执行复制、删除、隐藏等操作。图2-51为未使用图层组的"图层调板"，图2-52为使用图层组进行管理后的"图层调板"，红色线框中所示即为图层组。

图2-51　　　　　　　　图2-52

●新建图层组　新建图层组最常用的方法是单击图层调板下方的 ▢ 按钮(如图2-53中红色箭头处)，也可通过"图层"→"新建"→"组"命令来完成。

要将图层组折叠起来，单击图层组名称前的三角形按钮即可，如图2-54中红色线框所示。

图2-53　　　　　　　　　　　　　　　　图2-54

（2）图层蒙版

图层蒙版可以理解为在当前图层上覆盖一层玻璃片。这种玻璃片有透明的、半透明的、完全不透明的。添加图层蒙版最常用的方法是单击图层调板下方的 ▢ 按钮(如图2-55中红色箭头处)，然后用各种绘图工具在蒙版上涂色（只能涂黑白灰色）。涂黑色的地方蒙版变为不透明的，看不见当前图层的图像。涂白色则使涂色部分变为透明的，可看到当前图层上的图像，效果如图2-56中红色线框所示。我们可以利用蒙版的这一特点，绘制效果图中朦胧的远景效果。

图2-55

图2-56

技巧练习：利用蒙版绘制远景效果

①打开"配套文件/初级篇2/技巧练习"文件夹中"蒙版练习.jpg"，双击图层调板中"背景"图层解锁，得到"图层0"。

②点击图层调板下方的 ▢ 按钮，为"图层0"添加蒙版（图2-57）。

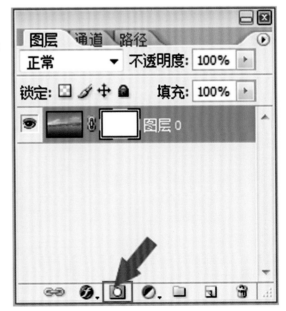

图2-57

③在工具属性栏中选择【画笔工具】，将前景色设置为黑色，画笔大小设置为200 px,不透明度设置为20%（图2-58）。

图2-58

④在"图层面板"中单击图层蒙版缩略图，使用已经设置好的画笔反复多次涂抹图层蒙版，制作远景的朦胧效果（图2-59）。

图2-59

原图与添加图层蒙版后的远景效果对比

项目实施　道路景观效果图绘制

任务一　新建文件

执行"文件"→"新建"命令（快捷键Ctrl+N），新建一个画布大小为36cm×27cm，分辨率为300dpi，背景为白色，色彩模式为CMYK的文件，并将其命名为"道路景观效果图"。

任务二　制作公路

①打开标尺（快捷键Ctrl+R），在画布中间偏上的位置拖出一条辅助线，即视平线的位置（图2-60）。

②在"图层面板"中单击"新建图层"按钮 （Ctrl+Shift+N），新建一个图层并命名为"路面"（图2-61）。

图2-60

③选择"路面"图层并使用【矩形选框工具】，将辅助线下方的画布框选出来（图2-62）。

图2-61

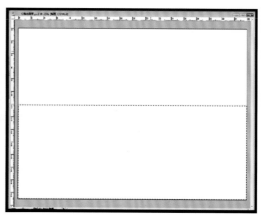

图2-62

④选择【渐变工具】，打开"渐变编辑器"并将渐变颜色设置为从深灰到浅灰的过渡。设置完毕后，在工具属性栏中选择渐变类型为"线性渐变" 填充"路面"选区（图2-63），路面制作完毕。

图2-63

⑤制作公路的透视效果。打开标尺（快捷键Ctrl+R），在画布偏右的位置再拖出一条辅助线，即得到一点透视的消失点（图2-64）。

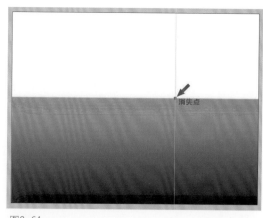

图2-64

⑥使用【多边形套索】 工具，从消失点出发绘制一个多边形选区，使多边形选区的两条边成角度汇集于消失点（图2-65）。

⑦执行"选择"菜单中的"反选"命令(快捷键Ctrl+Shift+I)，此时选中多边形选区以外的区域。

⑧按Delete键删除多边形选区以外的路面部分（图2-66）。

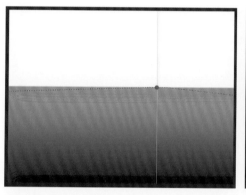

图2-65

图2-66

任务三　制作远景

①打开"配套文件"/"初级篇3"/"项目实施"文件夹，找到"远山.jpg"图片。

②使用【移动工具】 ，将"远山"图像移动到画布中，接着调整图层的顺序，使"远山"图层位于"路面"图层的下方（图2-67）。

图2-67

③将前景色设置为黑色，使用【画笔工具】 ，在工具属性栏中将画笔的"不透明度"设置为 30%。

④在"远山"图层上添加蒙版，用已经设置好的画笔在图层蒙版上涂抹，将远处景色调节成朦胧的效果（参考"项目准备"中讲到的图层蒙版使用方法）（图2-68）。

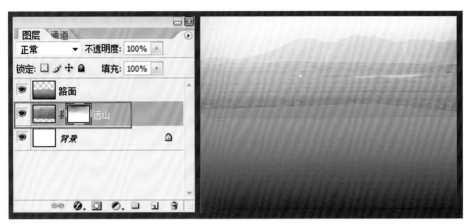

图2-68

任务四　制作人行道

在制作人行道前，首先要知道在一点透视的效果图中，人行道的两条边线最终将汇集到消失点（图2-69）。所以在制作人行道之前，需要画出辅助线以确保视觉效果的协调，即图2-70中红色线条。

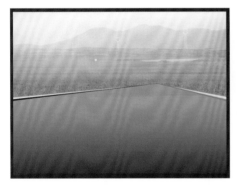

图2-69

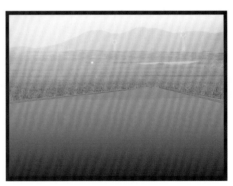

图2-70

①绘制辅助线

使用【铅笔工具】 ，在工具属性栏中设置铅笔大小为2px，其余不变。接下来设置前景色为红色。

新建一个图层，将其命名为"辅助线"。在"辅助线"图层上，使用已经设置好的【铅笔工具】，在辅助线的起点单击，接下来按住Shift键的同时再单击画面的消失点，即可画出一条辅助线。

用同样的方法画出第二条辅助线（图2-71）。

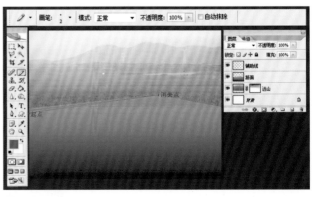

图2-71

②制作人行道

辅助线完成后，接下来就可以制作人行道。新建一个图层，并命名为"人行道"。选择"人行道"图层，使用【多边形套索工具】 ⬚，沿辅助线的轨迹绘制一个多边形选区（图2-72）。为选区填充浅灰色，人行道的平面效果制作完成（图2-73）。

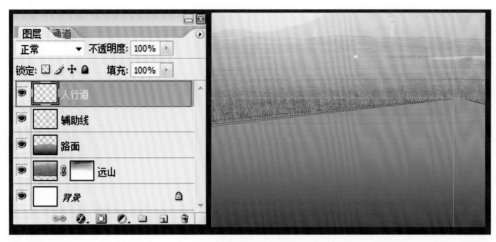

图2-72

用同样的方法绘制第二个多边形选区并为其填充深灰色，人行道的立面效果制作完成（图2-74）。

图2-73

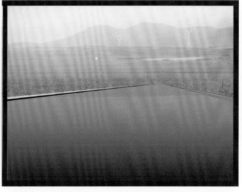

图2-74

至此，左边的人行道制作完成，用同样的方法制作右边的人行道即可（图2-75）。

图2-75

任务五　制作隔离带

首先，让我们来看看隔离带制作完成的效果（图2-76）。

图2-76

可见，隔离带也应遵守透视的原则，应有一个面与画面平行，透视线消失于心点的作图方法。即利用前面讲的绘制辅助线的方法，绘制隔离带的辅助线（图2-77）。

①打开"配套文件"/"初级篇2"/"项目实施"文件夹中的"草地.jpg"图片备用。然后使用【多边形套索】 工具，沿花坛辅助线轮廓绘制一个多边形选区，将该选区移动到"草地"文件中（图2-78）。

图2-77　　　　　　　　　　　　　　　　　　　　图2-78

②使用【移动工具】 ，将选区内的图像剪切到"道路景观效果图"文件中（图2-79）。此时"图层面板"中自动生成新图层，将该新图层命名为"隔离带1"（图2-80）。

图2-79　　　　　　　　　　　　　　　　　　　　图2-80

选择"隔离带1"图层，单击"图层"面板下方的  图标，为其添加图层样式中的"内阴影"选项，此时草地图像的上边缘将出现一道阴影，形成草地向下凹陷的视觉效果（图2-81）。

图2-81

在图层面板中新建图层"隔离带1立面"，使用【多边形套索工具】，沿花坛辅助线轮廓绘制一个多边形选区，为该选区填充深灰色，制作隔离带的立面效果（图2-82）。

图2-82

按照相同的方法制作右边的花坛（图2-83）。

图2-83

任务六　制作花坛

首先来看看花坛制作完成的效果（图2-84）。

图2-84

①制作花坛同样需要遵循透视的法则。首先用【铅笔工具】 绘制花坛的辅助线（图2-85）。

②使用【多边形套索】工具 ，沿辅助线的轨迹绘制多边形选区，并填充浅灰色（图2-86）。

图2-85

图2-86

③再次使用【多边形套索工具】 ，沿辅助线的轨迹绘制出花坛中草地部分的选区（图2-87）。

④打开"配套文件"/"初级篇3"/"项目实施"文件夹中的"草地.jpg"图片，将已经制作好的选区移动到"草地"图片中（图2-87）。

图2-87

由于"草地.jpg"文件较小,所以草地图像仅占选区的一部分(图2-88)。可使用【仿制图章工具】🔖,进行修补。

图2-88

⑤使用【移动工具】▶⊕,将选区内的图像剪切到"道路景观效果图"中(图2-89)。此时"图层面板"中自动生成一个新图层,将新图层命名为"花坛草地"。

图2-89

⑥合并"花坛"和"花坛草地"图层(快捷键Ctrl+E)。

⑦使用【矩形选区工具】,在合并后的"花坛"图层上绘制一个矩形选区(图2-90)。接下来,按Delete键删除选区中的图像。此时,已制作的花坛部分被分割成两块区域(图2-91)。

图2-90

图2-91

⑧在"图层面板"中新建一个图层,命名为"花坛平面"。使用【多边形套索工具】 在"花坛平面"图层上绘制上下两个条形选区,将选区填充为浅灰色(图2-92)。

图2-92

⑨接下来,绘制花坛的立面效果。在"图层面板"中新建一个图层,命名为"花坛立面"。选择"花坛立面"图层,使用【矩形选区工具】 绘制一个平行于画面的矩形选区并填充浅灰色(图2-93)。

提示:

矩形选区的右下角需与辅助线相交,以此来确定矩形选区的长度和高度。

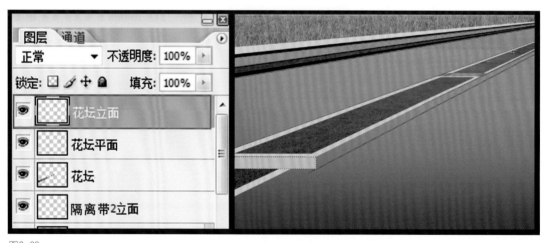

图2-93

⑩接下来,绘制花坛的侧面效果。在"图层面板"中新建一个图层,命名为"花坛侧面"。选择"花坛侧面"图层,使用【多边形套索工具】 ,沿辅助线的轨迹绘制花坛的侧面并填充深灰色(图2-94)。

⑪在图层面板中选择"花坛"图层,使用【橡皮擦工具】 ,擦除花坛多余的部分(图2-95)。

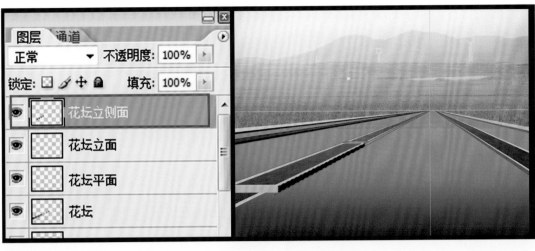

图2-94

图2-95

⑫打开"配套文件"/"初级篇3"/"项目实施"文件夹中的"花.psd"和"灌木.psd"图片，使用【移动工具】▶️₊将其移动到"道路景观效果图"文件中，至此隔离带花坛绘制完成（图2-96）。

⑬使用上述方法，绘制隔离带上的其余花坛（图2-97）。

图2-96   图2-97

任务七　制作马路上的白色虚线

①使用【铅笔工具】 ，画出辅助线（图2-98）。

②在"图层面板"中新建一个图层并命名为"马路白色虚线"。使用【多边形套索工具】 ，在"马路白色虚线"图层上沿辅助线的轨迹绘制选区并填充白色（图2-99）。

图2-98　　　　　　　　　　　　　　　　　　　图2-99

③选择"马路白色虚线"图层，使用【矩形选框工具】 ，在"马路白色虚线"图层上制作矩形选区（图2-100）。按Delete键删除选区内的图像（图2-101）。

图2-100　　　　　　　　　　　　　　　　　　图2-101

④按照相同的方法完成画面左侧马路白色虚线的绘制（图2-102）。

图2-102

任务八　制作树木

①制作树木时只需将"配套文件"/"初级篇2"/"项目实施"文件夹中的"树木.psd"图片打开，使用【移动工具】![icon]将其移动到"道路景观效果图"文件中即可（图2-103）。

图2-103

提　示

树木的数量较多，制作时需遵循近大远小、近疏远密的透视原则。

②制作树木的阴影。树木的阴影是制作树木时必不可少的环节。树木受光面与阴影的关系应与场景的光照方向保持一致，阴影要有透明感。下面，来看看树木阴影的制作方法。

打开"配套文件"/"初级篇3"/"项目实施"文件夹中的"树木.psd"图片，在"图层面板"中自动生成一个新图层，即"图层1"。

③将"图层1"拖动到"新建图层"![icon]按钮上（图2-104）。此时，"图层面板"中生成新图层，即"图层1副本"。

④使用【移动工具】![icon]将"图层1副本"移出（图2-105）。

图2-104

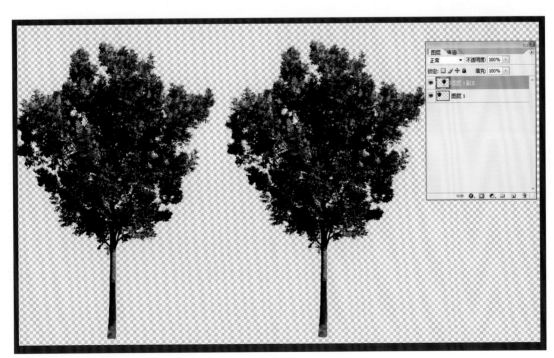

图2-105

⑤执行"编辑"→"变换"菜单中的"垂直翻转""扭曲"等命令，制作出树木的阴影形态（图2-106）。

⑥按住Ctrl键，单击"图层1副本"的预览图，将"图层1副本"图层中的图像载入选区（图2-107），树木的阴影形态被载入选区。

图2-106   图2-107

⑦将"图层1副本"隐藏，此时仅见树木阴影形态的选区（图2-108）。

⑧选择"图层1"，将前景色设置为浅灰色，使用Alt+Delete快捷键填充树阴影形态的选区，填充完毕后按Ctrl+D删除选区，效果如图2-109所示。

图2-108   图2-109

⑨制作树木阴影的透明效果。选择"图层1"并为其添加图层蒙版，使用【画笔工具】，在工具属性栏中将"不透明度"调节为30%，选择柔边效果的画笔在树木阴影上涂抹，即可制作出由深到浅的阴影效果（图2-110）。

图2-110

⑩将制作好的树木及阴影效果移动到"高速道路景观效果图"中，注意近大远小的透视效果（图2-111）。

图2-111

任务九　制作车辆

①打开"配套文件"/"初级篇2"/"项目实施"文件夹中的"汽车.psd"文件，使用【移动工具】 将汽车图像移动到"道路景观效果图"文件中。

②执行"编辑"→"变换"→"缩放"命令（快捷键Ctrl+T），调整汽车的大小（图2-112）。

提　示

在执行"编辑"→"变换"→"缩放"命令时，按住Shift键可等比例缩放。

图2-112

任务十　制作路灯

①在制作路灯前，首先也需要绘制辅助线。选择"辅助线"图层，将前景色设置为红色，使用【铅笔工具】 绘制路灯辅助线（图2-113）。

②打开"配套文件"/"初级篇2"/"项目实施"文件夹中的"路灯.psd"文件，使用【移动工具】 将路灯图像移动到"道路景观效果图"文件中（图2-114）。此时，【图层面板】中将自动生成一个"路灯"图层。

图2-113

图2-114

③选择"路灯"图层，执行"图层"→"复制图层"（快捷键Ctrl+Alt+拖动需要复制的图层），得到"路灯副本"图层，调整其大小和位置（图2-115）。

图2-115

④逐一复制多个"路灯"图层，依据辅助线的轮廓安排路灯的大小和位置（图2-116）。

图2-116

至此，高速道路景观效果图绘制完成，来看看最终的效果（图2-117）。

最后，为了方便以后编辑，可以将"图层面板"中各图层放入图层组。使用图层组来管理图层，不仅可以快速找到需编辑的图层，还能集中对某类图层执行复制、删除、隐藏等操作。如图2-118所示是使用图层组来管理图层的结果。

图2-117

项目小结

　　画面的场景布置是制作建筑效果图不得不考虑的环节。其中，远景的处理、对象阴影的处理是几乎每幅效果图都会遇到的问题。因此，需要牢固把握其处理方法并学会举一反三，将其灵活运用于不同的效果图中。

图2-118

PHOTOSHOP JIANZHU XIAOGUOTU SHIYONG JIAOCHENG

课后练习

结合本案所学的内容，参考图2-119，制作一张道路景观效果图。

图2-119

中级篇
（室内设计）

PHOTOSHOP　JIANZHU XIAOGUOTU
SHIYONG JIAOCHENG

3.1

室内效果图后期处理

处理前　　　处理后

一幅建筑效果图不仅要有好的构图与配景，还应该有和谐、自然的颜色。而一般通过3ds Max软件制作的室内效果图色调比较灰暗，色彩也不够丰富，同时添加配景和配饰的效果也不够理想。此时，如果在Photoshop软件中调整室内效果图的色调、色彩，添加配景和配饰不仅省时省力而且图像效果极好。

将一幅室内效果图处理成整体统一而又色彩丰富的优秀作品是设计师的最终目的。在Photoshop中进行室内效果图后期处理，首先应考虑画面整体色调、色彩的协调性，在此基础上考虑灯光、配景、配饰的处理。总的说来，应遵循先整体、再局部、再整体的原则。

本案将详细解析室内效果图后期处理的方法。其中，利用"图像"/"调整"菜单中的命令调节效果图的色彩和色调是本案的重点。

在Photoshop中，系统提供了众多调整图像色彩与色调的命令。这些命令均位于"图像"→"调整"子菜单中（图3-1）。

图3-1

3.1.1 "色阶"和"自动色阶"命令

"色阶"指图像中颜色或颜色的某个组成部分的亮度区域。"色阶"命令即是通过在图像中调整高光和阴影,使整个图像的色调重新分布。

执行"图像"→"调整"→"色阶"命令,或按快捷键Ctrl+L,打开"色阶对话框"(图3-2)。

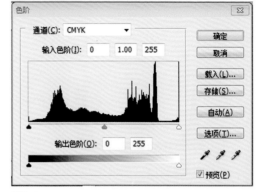

图3-2

(1)利用"色阶"调整图像

①打开"配套文件"/"中级篇1"/"技巧练习"/"色阶调整原图.jpg"文件,如图3-3中原图所示,可以发现该图片色调灰暗,需要提亮,增强画面饱和度。

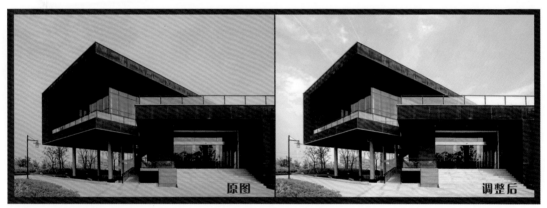

图3-3 色阶调整前后对比图

②按Ctrl+L快捷键打开"色阶对话框",通过增加低色调数值,减少高色调数值的方法,提亮图像明度。单击"确定"按钮(图3-4)。

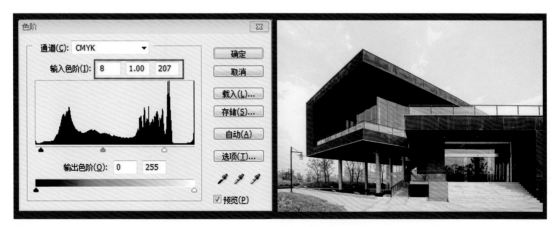

图3-4

③在"通道"选项中选择"洋红"通道，增加低色调数值，减少高色调数值，调整建筑物的色调（图3-5）。

图3-5

④使用【套索工具】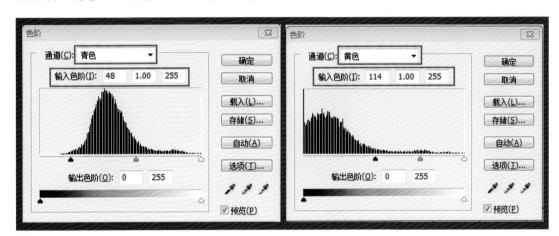，将原图中草地部分载入选区。然后按Ctrl+L快捷键打开"色阶对话框"，分别调节"青色"和"黄色"通道，增加草地的饱和度（图3-6）。调整结果如图3-7所示。

图3-6

图3-7

⑤使用【魔棒工具】 ，将原图中天空部分载入选区。然后按Ctrl+L快捷键打开"色阶"对话框，调节"青色"通道（图3-8），增加天空亮度、饱和度，得到最终效果。

图3-8

提　示

●在使用"色阶"命令时，若在"通道"下拉列表中选择RGB，则对图像的全部色调进行调节；若仅选择其中一个通道，则调节该色调范围内的图像颜色。

●在使用"色阶"命令时，如果图像中没有选区，则对整幅图像进行调整；如果图像中有选区，则对选区内的图像进行调整。

3.1.2　"曲线"命令

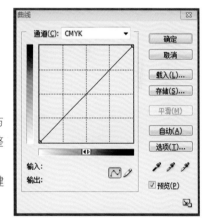

"曲线"命令是使用非常广泛的色调控制方式。与"色阶"命令的调整方法一样，使用"曲线"命令可以调整图像的色调与明暗度。与"色阶"命令不同的是，"曲线"命令可以精确调整高光、阴影和中间调区域中任意一点的明暗。

执行"图像"→"调整"→"曲线"命令（快捷键Ctrl+M），即打开"曲线对话框"（图3-9）。

图3-9

（1）利用"曲线"调整图像

①打开"配套文件"/"中级篇1"/"技巧练习"/"曲线调整原图.jpg"文件，图3-10中原图。可以发现该图片色调灰暗，沙滩部分饱和度偏低。

图3-10　曲线调整前后对比图

②按Ctrl+M快捷键打开"曲线对话框"，在曲线对话框中调整图像的对比度（图3-11）。单击"确定"按钮，此时图像色彩变亮，天空、树木的饱和度增强。

图3-11

③使用【套索工具】，将原图中沙滩部分载入选区。然后按Ctrl+M快捷键打开"曲线对话框"，在对话框中分别调节"青色"和"黄色"通道，增加沙滩的饱和度（图3-12、图3-13）。

图3-12

图3-13

④打开"曲线对话框"（快捷键Ctrl+M），再次调整整幅图像的色调，得到最终效果（图3-14）。

图3-14

提　示

●在使用"曲线"命令时，若在"通道"下拉列表中选择RGB，则对图像的全部色调进行调节；若仅选择其中一个通道，则调节该色调范围内的图像颜色。

●在使用"曲线"命令时，如果图像中没有选区，则对整幅图像进行调整；如果有选区，则对选区内的图像进行调整。

3.1.3　"亮度/对比度"命令

执行"图像"→"调整"→"亮度/对比度"命令，可快速调整整个图像中的亮度和颜色对比度。拖动"亮度"或"对比度"滑块即可改变图像的亮度或对比度。

3.1.4　"色彩平衡"命令

与"色阶"和"曲线"命令侧重于色调调整，兼顾色相调整不同的是，"色彩平衡"侧重于色相调整，兼顾色调和饱和度调整。

执行"图像"→"调整"→"色彩平衡"命令或按Ctrl+B快捷键，即打开"色彩平衡对话框"（图3-15）。

"色彩平衡对话框"中的红、绿、蓝三原色的对面就是它们的互补色青色、洋红和黄色。增加红色就减少青色，减少洋红就增加绿色，减少黄色就增加蓝

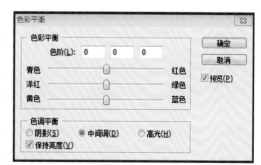

图3-15

色。这就是"色彩平衡"命令的作用，它可以用来控制图像的颜色分布，矫正图像偏色，使图像达到平衡的色彩效果。

（1）利用"色彩平衡"命令调整图像色彩

①打开"配套文件"/"中级篇1"/"技巧练习"/"色彩平衡原图.jpg"文件，图4-16中原图。可以发现该图片色彩整体偏红，需要将天空颜色调蓝。

图3-16 利用"色彩平衡"命令调整前后对比图

②使用【魔棒工具】 ![] 将图像中天空部分载入选区。然后打开"色彩平衡"对话框（快捷键Ctrl+B），在对话框中调整洋红和蓝色滑块（图3-17）。单击"确定"按钮，此时天空变蓝，图像色彩更协调。

图3-17

3.1.5 "色相/饱和度"命令

"图像"→"调整"→"色相/饱和度"命令侧重色相和饱和度的调整，不侧重色调调整。如图3-18为使用"色相/饱和度"命令调整前后的对比效果。

图3-18

3.1.6 "颜色匹配"命令

该命令匹配的颜色是两个图像之间、两个图层之间或者两个选区之间的颜色。

"颜色匹配"命令是通过将源图像的颜色与目标图像的颜色相匹配,使源图像的色彩效仿目标图像的色彩。除了匹配两个图像之间的颜色以外,"颜色匹配"命令还可以匹配同一个图像中不同图层之间的颜色。但是需要注意的是这个工具仅适用于RGB色彩模式。

(1)利用"颜色匹配"命令调整图像色彩

①打开"配套文件"/"中级篇1"/"技巧练习"/"颜色匹配原图1.jpg"和"颜色匹配原图2.jpg"文件(图3-19)。我们要将原图2的颜色应用到原图1中。

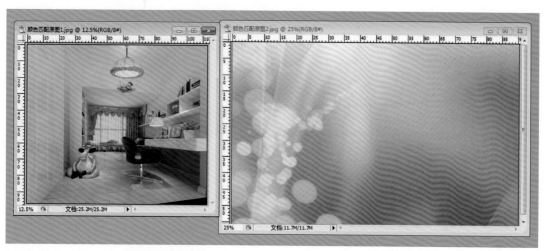

图3-19

②激活"颜色匹配原图1.jpg"文件,选择"匹配颜色"命令,弹出了"匹配颜色"对话框。在"源"下拉列表框中,选取要将其颜色与目标图像中的颜色相匹配的源图像,即"颜色匹配原图2.jpg"。单击"确定"按钮,此时"颜色匹配原图1"中的颜色发生改变(图3-20)。

图3-20

③ "图像选项" 栏可以对亮度、颜色强度、渐隐进行调整。通过调整 "图像选项" 中的参数，可以使图像色彩更协调。调节完毕后单击 "确定" 按钮，即可得到匹配颜色后的图像效果。具体参数调节及最终效果如图3-21所示。

图3-21

3.1.7 "替换颜色" 命令

"替换颜色" 命令与 "色相/饱和度" 命令相似，都可以改变图像的色相，但 "色相/饱和度" 命令是调整整幅图像的色相，而 "替换颜色" 命令则可以调整图像局部的色相。

调整时，只需要利用吸管选取图像中需要调整色彩的部分，然后在 "替换" 选项中调整色相、饱和度、明度即可。图3-22是利用 "替换颜色" 命令调整图像局部色彩的效果。

图3-22

3.1.8 "可选颜色" 命令

利用 "可选颜色" 命令可以校正不平衡问题和调整颜色。使用方法如下：

①打开要调整的图像。

②执行 "图像" → "调整" → "可选颜色" 命令，打开 "可选颜色对话框"。从该对话框顶部的 "颜色" 下拉列表中选择要调整的颜色。在该对话框中拖动滑块或在 "青色" "洋红" "黄色" "黑色" 文本框中输入数值，以调整所选颜色的含量。

③单击 "确定" 按钮即可。

3.1.9 "通道混合器"命令

使用"通道混合器"命令，可分别对图像各通道的颜色进行调整。该命令可以选取每种颜色通道一定的百分比创建高品质的灰度图像、棕褐色调或者其他的彩色图像。使用方法如下：

①打开要调整的图像，执行"图像"→"调整"→"通道混合器"命令，打开"通道混合器"对话框。

②在"输出通道"下拉列表中选择要混合颜色的通道，可拖动滑块调整该通道颜色在输出通道中所占的比例。单击"确定"按钮。

3.1.10 "渐变映射"命令

"渐变映射"命令的主要功能是使用各种渐变模式对图像进行调整。

（1）利用"渐变映射"命令制作怀旧效果图像

①打开"配套文件"/"中级篇1"/"技巧练习"/"渐变映射原图1.jpg"文件（图3-23）。

②执行"图像"→"调整"→"渐变映射"命令，打开"渐变映射对话框"。在对话框中单击"渐变列表"，弹出"渐变编辑器"，为图像重新添加渐变填充。单击"确定"按钮即可（图3-24）。

图3-23

图3-24

3.1.11 "反相"命令

利用"反相"命令可以将图像中或选区中的所有颜色转换为互补色，如黑变白、白变黑等（快捷键是Ctrl+I），这是使用频率非常高的命令。图4-25为图像反相的效果。

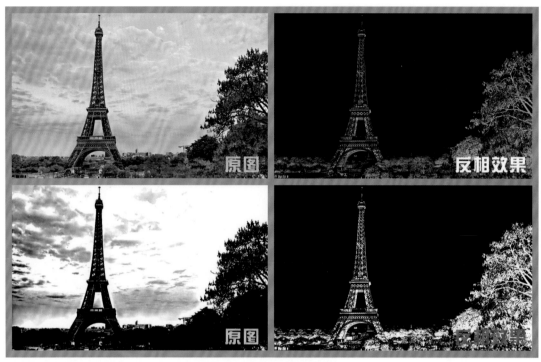

图3-25

3.1.12 "色调均化"命令

"色调均化"命令用来均匀图像的亮度。原理是将图像中最亮的像素转化为白色，最暗的像素变为黑色，中间像素则均匀分布。总之，目的是让色彩分布更平均，从而提高图像的对比度和亮度。

3.1.13 "阈值"命令

利用"阈值"命令可以将彩色图像或灰度图像转换为高对比度的黑白图像。

提 示

阈值色阶在1～255范围内取值，所有比该阈值亮的像素会被转换为白色，所有比该阈值暗的像素会被转换为黑色。

3.1.14 "色调分离"命令

"色调分离"命令用来在图像中减少色调。可以在"色阶"文本框中设置图像的色调数值。数值越大，图像的色调越多，反之色调越少。

项目实施——室内效果图后期处理

室内效果图后期处理的步骤

室内效果图后期处理一般分为以下5步：

①对效果图整体明暗、色彩的调整；

②调整灯光效果；

③添加植物、人物、装饰物等配景；

④细节处理；

⑤总体调整，使画面协调统一。

任务一　对效果图整体明暗、色彩的调整

①打开"配套文件"/"中级篇1"/"项目实施"/"卧室原图.tif"文件（图3-26）。

②在处理效果图之前一定要先观察图片，目的是找出效果图的不足之处，然后才能做到胸有成竹，有目的地进行处理与修改。先观察本幅效果图，会发现整体色调比较灰暗、沉闷，所以先对其进行整体的明暗修改调整。

图3-26

执行"图像"→"调整"→"曲线"命令(快捷键Ctrl+M)，将"曲线对话框"打开，通过调节曲线对整幅效果图的明暗关系进行调整（图3-27）。

经过"曲线"命令调整的效果图画面已经变得明快，但是画面色调较为平均，没有引人入胜的地方。

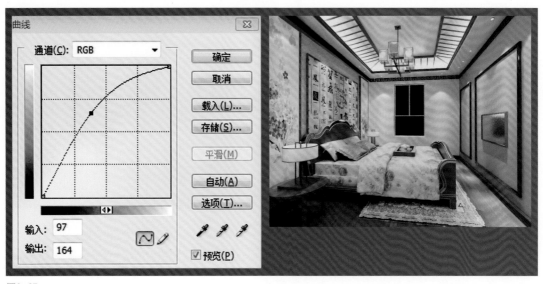

图3-27

61

任务二 制作画面的视觉中心

好的设计作品，其画面都有视觉中心，即整幅画面中最突出、最引人入胜的部分，有视觉中心的设计作品才能让人感觉主题鲜明、层次分明。下面介绍室内设计效果图视觉中心的处理与制作：

图3-28

①首先选定视觉中心的位置，一般为效果图中最有设计感的地方，在这幅效果图中，我们选定卧室背景墙为视觉中心。

②单击Photoshop左侧工具箱中的【椭圆选框工具】按钮 在视觉中心的位置选取一个区域（图3-28）。

③在选定的区域内单击鼠标右键，在菜单中选择"羽化"命令(快捷键Shift+F6)，在弹出的"羽化选区"对话框中，将"羽化半径"设为30像素（图3-29）。

图3-29

④通过前面提到的方法打开"曲线"对话框，将选区中的图像色调调亮，曲线样式及调节结果如图4-30所示。

图3-30

⑤为了衬托视觉中心，视觉中心以外的图像应相对较暗。执行"选择"→"反向"命令（快捷键Ctrl+Shift+I），选择视觉中心以外的选区，再通过"曲线"命令将现有选区调暗（图3-31）。

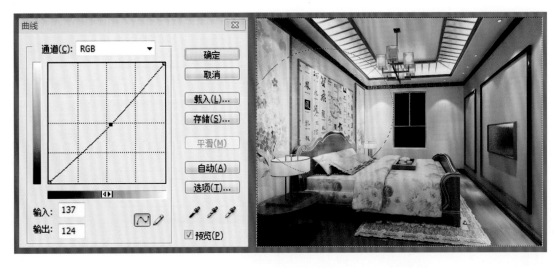

图3-31

⑥执行"选择"→"取消选择"命令（快捷键Ctrl+D），取消选区。至此效果图视觉中心的修改制作完成，调整后的效果图与原图的对比如图3-32所示。

原图　　　　效果图

图3-32

任务三　调整灯带的色调

一幅好的室内效果图不仅要有明暗变化，还要有冷暖色彩变化。灯光效果的调整能够营造温馨的暖色调，下面介绍如何调整灯光效果。

①单击Photoshop左侧工具箱的【多边形套索】工具 将效果图中吊顶的灯带载入选区，并执行"羽化"命令(快捷键Shift+F6)，如图3-33所示。

图3-33

②执行"图像"→"调整"→"曲线"（快捷键Ctrl+M）命令，通过"曲线"命令将选中的部分调亮，曲线样式及调节后的图像效果如图3-34所示。

图3-34

任务四　制作灯泡发光效果

①选择工具箱中的【画笔工具】![brush]，在工具属性栏中将画笔样式设置为柔边效果，并根据台灯的大小设置"画笔半径"为200 px，将"不透明度"设置为80%。各参数设置完毕后，单击台灯的灯泡位置即可制作台灯灯泡发光的效果（图3-35）。

图3-35

②再次选择【画笔工具】![brush]，用上述方法制作吊灯和射灯的发光效果，具体参数设置视情况而定（图3-36）。

图3-36

任务五　添加配景与配饰

在Photoshop中添加配景配饰要比在三维渲染软件中添加制作简单容易，并且效果也好，能够达到事半功倍的效果。下面介绍在效果图中添加图画、窗外景物以及植物的方法。

①制作电视机画面

● 打开一幅电视画面的截图，执行"选择"→"全部"命令（快捷键Ctrl+A），将图片全部选中，然后用【移动工具】 ◤⊹ 将截图拖入客厅效果图画面中（图3-37）。

图3-37

● 执行"编辑"→"变换"→"变形"命令，将电视画面截图通过变形调整放入客厅效果图里的电视机中，按Enter键确定（图3-38）。

②制作窗外夜景

● 单击工具箱中的【多边形套索工具】工具 ☒ ，在工具属性栏中选择"添加选区"按钮，将客厅效果图中的窗户选中（图3-39）。

图3-38

图3-39

● 打开一幅城市夜景图片备用，接下来将已经制作出来的窗户选区移动到城市夜景图片中（图3-40）。

图3-40

● 用【移动工具】将城市夜景图片的选区部分移动到客厅效果图中，得到一个新图层。最后将该图层的"不透明度"调整为50%，结果如图3-41所示。

图3-41

③制作窗帘

● 打开"配套文件"/"中级篇1"/"项目实施"/"窗帘素材.psd"文件，使用【移动工具】将其拖入效果图中，并执行"编辑"→"自由变换"命令，将窗帘调整到与窗户匹配的大小（图3-42）。

图3-42

● 执行"图像"→"调整"→"色相/饱和度"命令，调整窗帘颜色，达到与房间色调协调统一的效果（图3-43）。

图3-43

④添加植物配景

● 在制作室内效果图时，适当添加绿色植物，可增加画面的清新感。打开"配套文件"/"中级篇1"/"项目实施"/"植物素材.jpg"文件，用【裁切工具】🔲截取其中一部分图像（图3-44）。

● 用【魔棒工具】🔍选中背景的灰色，按快捷键Ctrl+Shift+I执行"反选"命令即可选中植物图像。

提 示

此时选取的植物图形可能会留有背景颜色的边缘，可执行"选择"→"修改"→"收缩"命令，将选区向内收缩，这样在移出图像时就不会残留背景颜色的边缘（图3-45）。

图3-44　　　　　　　　　　图3-45

●执行"编辑"→"自由变换"命令（Ctrl+T）调整植物图像的大小（图3-46）。然后用【移动工具】➤⊹将其放于画面边角处（图3-47）。

图3-46　　　　　　　　　　图3-47

经过以上的操作，客厅效果图后期处理制作已经完成，对比利用Photoshop处理之前和处理之后的效果（图3-48）。

图3-48

项目小结

就家庭装修的风格而言，有欧式风格、地中海风格、中式风格、韩式田园风格等多种系列。效果图的色调处理是整幅效果图处理的关键，在进行室内效果图后期处理的过程中，要根据家庭装修的风格营造不同的画面效果，或传统或现代，或灵动或沉静，或温馨或冷峻……

该项目通过对效果图整体明暗、色彩的调整，画面视觉中心的处理，灯光效果的处理和室内效果图配景与配饰的添加制作处理4个步骤营造出卧室温馨的效果。在操作实际项目时，可参考前面提到的室内效果图后期处理的步骤灵活调整效果图的效果，应遵循先整体、再局部、再整体的原则，将一幅室内效果图处理成整体统一而又色彩丰富的优秀作品是设计师的最终目的。

课后练习

结合本章所学，对"配套文件"/"中级篇1"/"作业"文件夹中的原图效果进行处理，营造明亮、冷峻的效果。最终效果可参考图3-49。

图3-49

家装彩平渲染图制作

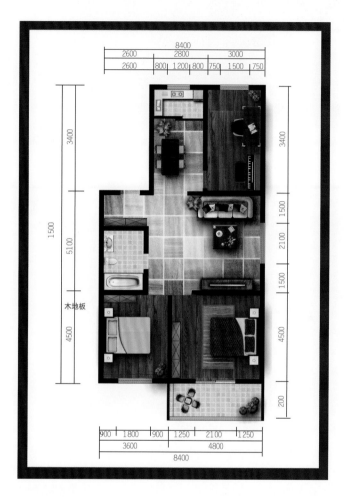

　　近年来，房地产开发业空前火爆，各种房产发布会、展示会如雨后春笋般涌现。精美的印刷宣传品随之被开发商作为重要的推销手段。也正是由于房地产开发的刺激，家装彩平渲染图的表现形式由简单的着色与填充变成了真实彩平与家具模块的应用。本章同样通过实例讲解的方式介绍家装平面渲染图的制作方法。

3.2.1　图层剪贴蒙版

　　"剪贴蒙版"命令，也称剪贴组，该命令是通过使用处于下方图层的形状来限制上方图层中图像的显示状态，从而达到一种剪贴画的效果。因此，要创建剪贴蒙版必须有两个以上图层，在相邻的两个图层间创建剪贴蒙版后，上面图层所显示的图像或颜色受到下面图层中形状的控制。图3-50所示为创建剪贴蒙版前，相邻的两个图层及"图层面板"状态，图3-51所示为创建剪贴蒙版后的剪贴效果及"图层面板"状态。

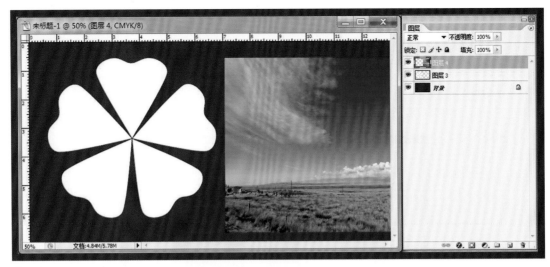

图3-50

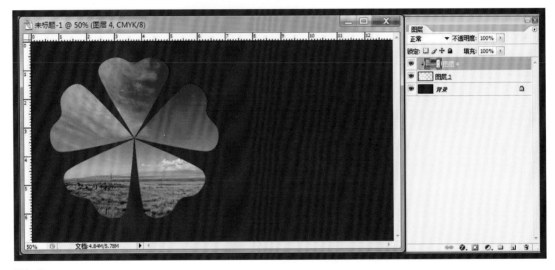

图3-51

观察"图层面板"可以看出，建立"剪贴蒙版"后，两个图层间出现点状线，而且上方图层的缩略图被缩进，即是创建了"剪贴蒙版"的状态。

在家装彩平渲染图中，"创建剪贴蒙版"命令经常用来制作室内的地面效果（图3-52）。

（1）创建剪贴蒙版

创建"剪贴蒙版"的具体操作如下：

①将要创建剪贴蒙版的两个图层放在相邻的位置，其中控制形状的图层位于下方。

②在"图层面板"中选择要创建剪贴蒙版的图层，选择"图层"→"创建剪贴蒙版"命令。其快捷方式有两种：

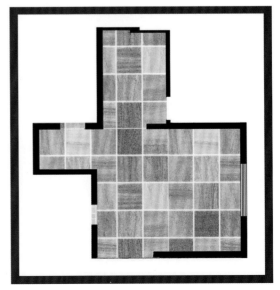

图3-52

a.按Alt键将光标放在"图层"面板中分割两个图层的实线上（光标将会变成两个交叉的圆圈状）时单击鼠标。

b.选择处于上方的图层，按Alt+Ctrl+G快捷键。

（2）释放剪贴蒙版

创建了剪贴蒙版以后，如不再需要，可以执行"图层"→"释放剪贴蒙版"命令，快捷键也是Alt+Ctrl+G。

3.2.2 自定义图案填充

在制作家装彩平渲染图的过程中，需要为房间、家具填充各种素材图片。此时可能会用到"自定义图案填充"的方法。

（1）自定义图案

打开要填充的图片素材，执行"编辑"→"定义图案"命令，在弹出的对话框中输入图案的名称（图3-53）。这样即可在以后的操作中，在图案选择下拉列表框中选择通过自定义得到的图案。

图3-53

图3-54

（2）填充图案

绘制选区，执行"编辑"→"填充"命令，在弹出的"填充"对话框中选择使用"图案"选项，在"自定图案"选项中选择刚才定义的图片（图3-54）。填充效果如图3-55所示。

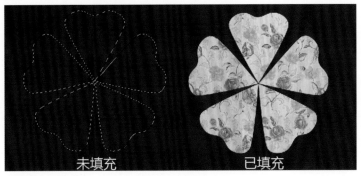

图3-55

"创建剪贴蒙版"和"自定义图案填充"在家装彩平图中非常多,实际操作将在"项目实训"环节介绍。

3.2.3 图层样式

使用"图层样式"命令可以快速得到投影、外发光、内发光、斜面和浮雕、描边等常用效果。"图层样式"命令在制作家具模块、植物模块时非常实用。

可以通过以下方法打开"图层样式"的对话框:

①选择"图层"→"图层样式",从样式列表中选择具体的效果;

②单击"图层面板"底部的"添加图层样式"按钮 ；

③直接双击要添加样式的图层的缩略图。

"图层样式对话框"如图3-56所示。"图层样式对话框"的左侧是不同种类的图层样式,包括投影、发光、斜面、叠加和描边几大类。对话框的中间是各种样式的不同选项,可以从右边小窗口中看到所设定效果的预览。

下面以图3-57为例,简单介绍"图层样式"的应用效果。

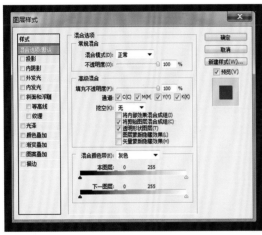

图3-56　　　　　　　　　　　　　图3-57

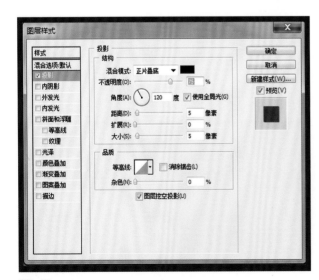

图3-58

（1）投影和内阴影

"投影"效果和"内阴影"效果用法基本相同,不过"投影"是从对象边缘向外,而"内阴影"是从边缘向内。在图层效果对话框,选中"投影复选框"可以打开如图3-58所示的投影对话框,调整好参数后,单击"确定"按钮即可。如图3-59是投影效果,图3-60是内阴影效果。

图3-59   图3-60

（2）外发光和内发光

　　"外发光"和"内发光"两种效果分别从图层内容的外边缘和内边缘添加发光效果，用法基本相同。在图层样式对话框中选择"内发光"或"外发光"复选框，设置各参数。"外发光"效果如图3-61所示，"内发光"效果如图3-62所示。

图3-61

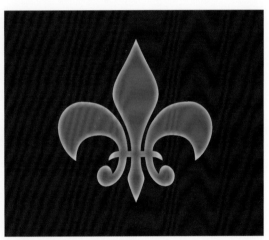

图3-62

（3）斜面和浮雕

　　"斜面和浮雕"效果可以给图像添加立体效果，选中"斜面和浮雕"复选框可以打开对话框，设置各项参数，效果如图3-63所示。

（4）光泽

　　"光泽"的作用是根据图层的形状应用阴影，通过控制阴影的混合模式、颜色、角度、距离、大小等属性，在图层内容上形成各种光泽，效果如图3-64所示。

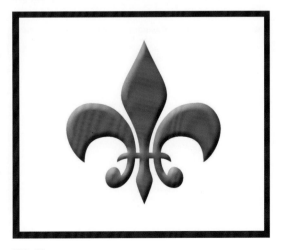

图3-63

（5）叠加效果

在"图层样式对话框"可以设置颜色叠加、渐变叠加、图案叠加3种叠加效果。可以在对话框中设置填充色的混合模式和不透明度、渐变方式、图案等。"颜色叠加"效果如图3-65所示，"渐变叠加"效果如图3-66所示，"图案叠加"效果如图3-67所示。

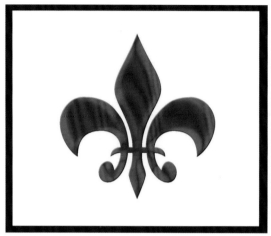

图3-64

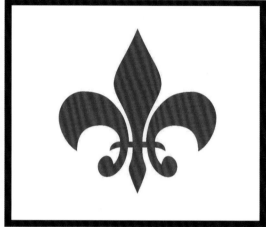

图3-65

图3-66

图3-67

图3-68

（6）描边

可以给图像添加描边效果，与"编辑"菜单中"描边"命令不同的是，在此可设置颜色描边或图案描边，效果如图3-68所示。

技巧练习：绘制餐座椅

①首先，制作餐桌。新建文件，命名为"餐桌椅"（图3-69）。

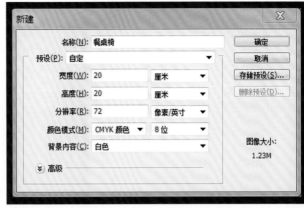

图3-69

②使用【圆角矩形工具】 ，在工具选项条中选择"路径命令"按钮，单击"自定义形状"按钮后面的下拉箭头，在菜单中选择"固定大小"，设置宽度为8.5 cm，高度为12 cm，将圆角半径设置为15 px（图5-21）。

新建一个图层并命名为"餐桌"，在"餐桌"图层上绘制圆角矩形（图3-70）。按住Ctrl+Enter快捷键，将路径变为选区。

图3-70

③打开"配套文件"/"中级篇2"/"项目实施"文件夹中的"木纹贴图.jpg"文件（图3-71）。执行"编辑"→"定义图案"命令，在弹出的对话框中输入图案的名称，将"木纹贴图"图片定义成图案（图3-72）。

图3-71　　　　　　　　　　　图3-72

④执行"编辑"→"填充"命令，在弹出的"填充"对话框中选择使用"图案"，在"自定图案"选项中选择③中定义的木纹素材（图3-73）。

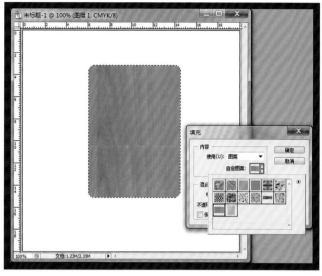

图3-73

⑤选择"餐桌"图层，执行"图层样式"中的"斜面和浮雕"命令制作餐桌的立体效果（图3-74）。

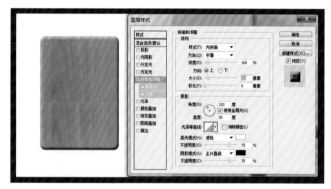

图3-74

⑥接下来，制作餐椅。使用【圆角矩形工具】，在工具选项条中选择"路径命令"按钮，单击"自定义形状"按钮后面的下拉箭头，在菜单中选择"不受约束"，将圆角半径设置为15 px，绘制圆角矩形（图3-75）。

图3-75

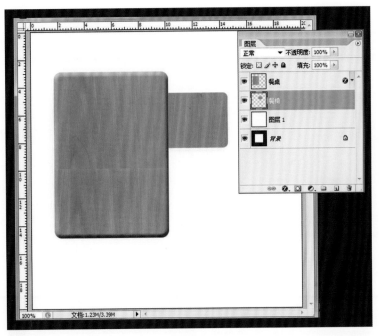

⑦新建"餐椅"图层，将其放置于"餐桌"图层下方。将刚才绘制的路径变为选区（快捷键Ctrl+Enter），并为其填充木纹效果（图3-76）。

图3-76

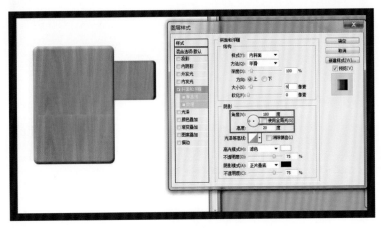

⑧执行"斜面和浮雕"命令，此时调节阴影的方向非常重要，将阴影的角度设置为180°，其他参数设置如图3-77所示。值得注意的是，在调节阴影的方向时不可勾选"使用全局光"，否则将改变所有已做样式的阴影方向。

图3-77

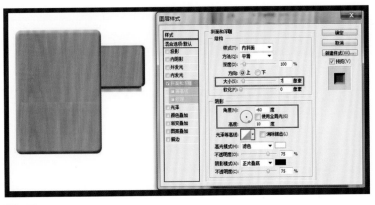

⑨新建图层"餐椅扶手"，将其放置于"餐桌"图层下方。为其填充木纹效果并执行"斜面与浮雕"命令，结果如图3-78所示。

图3-78

⑩复制"餐椅扶手"图层，执行"斜面与浮雕"命令调整其阴影的方向（图3-79），一把餐椅制作完成。用相同的方法制作其他三把餐椅，结果如图3-80所示。

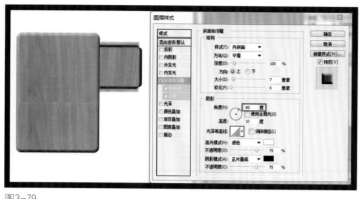

图3-79

图3-80

3.2.4　滤　镜

滤镜主要用来处理图像的各种效果。所有滤镜命令都按类别放置在"滤镜"菜单中，使用时只需要单击这些命令即可（图3-81）。滤镜的功能非常强大，使用起来也有很多巧妙之处。

（1）滤镜的使用规则

所有滤镜命令的使用都有以下几个相同的特点：

①"滤镜"的处理效果以像素为单位，因此"滤镜"的处理效果与图像的分辨率有关，相同的参数处理不同分辨率的图像，其效果也就不同。

②针对选取区域进行"滤镜"效果处理。如果没有定义选区区域，则对整个图像进行处理；如果当前选中的是某一图层或某一通道，则只对当前图层或通道起作用。

③只对局部图像进行"滤镜"效果处理时，可以对选取范围设定羽化值，使处理的区域能自然渐进地与原图像结合，减少突兀的感觉。

④当执行完一个"滤镜"命令后，在"滤镜"菜单的第一项会出现刚才使用过的"滤镜"命令，单击它可快速重复执行相同

图3-81

的"滤镜"命令。若使用键盘，则可按Ctrl+F快捷键也可执行刚才使用过的滤镜；如果按Ctrl+Alt+F快捷键，则会重新打开上一次执行的"滤镜对话框"。

⑤在"位图"和"索引颜色"的色彩模式下不能使用滤镜。此外，不同的色彩模式其使用范围也不同，在"16位／通道""CMYK颜色"和"Lab颜色"模式下，有部分"滤镜"不可以使用，如"画笔描边""素描"和"艺术效果"等。

⑥使用"编辑"菜单中的"返回"和"向前"命令，可对比执行"滤镜"命令前后的效果。

（2）预览效果调整

执行"滤镜"命令常常需要花费很长的时间，因此在滤镜对话框中提供了预览图像的功能，大大地提高了工作效率。绝大多数"滤镜对话框"中，几乎都有预览的功能。预览图像时，大致有以下几种方法：

①单击"滤镜对话框"中的"+"号或"-"号按钮，可以增大或缩小预览图像的比例（图3-82）；或者按住Ctrl键单击预览框，可放大显示比例，按住Alt键单击预览框，可缩小显示比例。

②在该对话框中，将鼠标指针移至预览框中，此时鼠标指针变成手形形状，按住鼠标左键并拖动，即可移动预览框中的图像。

③将鼠标指针移到图像编辑窗口中，此时鼠标指针呈方框形状，单击后在预览框内立刻显示该处图像。

图3-82

技巧练习：使用滤镜制作二维灌木

①打开"配套文件"/"中级篇2"/"项目实施"文件夹中的"二维灌木.tif"文件（图3-83）。

②双击工具箱中的【魔棒工具】，将图像中的白色背景部分选中，按Delete键将白色背景删除，删除后效果如图3-84所示。

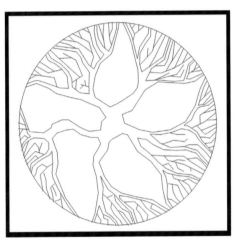

图3-83

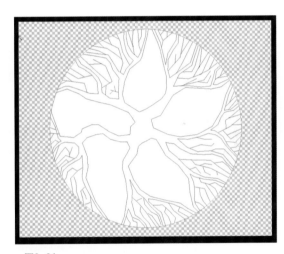

图3-84

③复制当前图层，生成新的图层"图层0副本"。使用【魔棒工具】在"图层0副本"上，将图像中的树干部分选中（图3-85）。

④执行上步操作后，将前景色设置为褐色（RGB数值为65、35、10），使用快捷键Alt+Delete填充前景色，填充后的效果如图3-86所示。

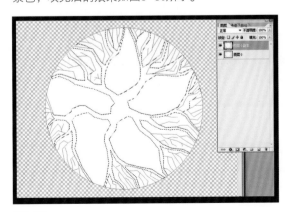

图3-85

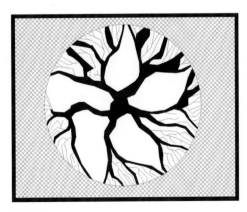

图3-86

⑤执行"滤镜"→"艺术效果"→"粗糙蜡笔"命令，制作树干的肌理效果，具体参数设置如图3-87所示。

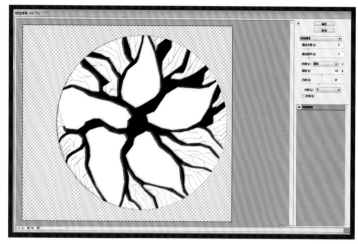

图3-87

⑥执行上步操作后，使用"选择"→"色彩范围"命令（图3-88），将树冠部分选中。

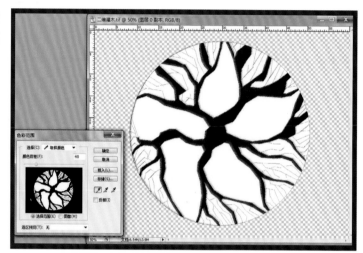

图3-88

⑦单击工具箱中的"渐变工具" ▢（图3-89），在"渐变编辑器"中将"渐变模式"设置为从前景到背景。然后设置前景色（RGB数值为69、130、39）与背景色(RGB数值为3、50、16)。

设置完毕后，选择渐变类型为"线性渐变"（图3-90）。在树冠选区内由左向右拖动鼠标，填充渐变后的效果如图3-89所示。

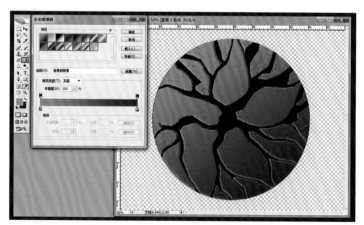

图3-89

图3-90

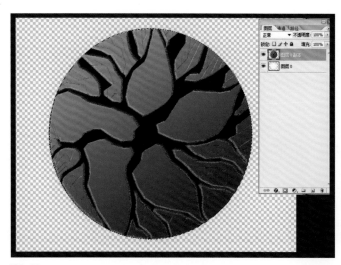

图3-91

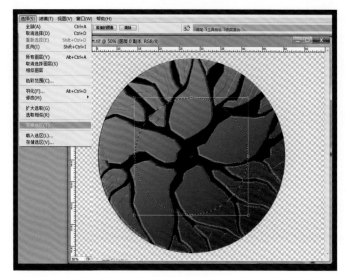

图3-92

图3-93

图3-94

⑧按住Ctrl键，单击"图层面板"中的"图层0副本"缩略图，将二维灌木的外形载入选区（图3-91）。

⑨执行"选择"→"变换选区"命令，同时按住Shift和Alt键，将刚才载入的选区向内收缩（图3-92）。

⑩在已有选区的基础上，执行"反选"操作（Ctrl+Shift+I），将二维灌木的边缘，即树冠部分载入选区（图3-93）。

⑪执行上步操作后，对选区进行羽化处理（Shift+F6），设置羽化半径为20像素（图3-94）。

⑫执行"滤镜"→"杂色"→"添加杂色"命令,为树冠添加杂色(图3-95)。在"添加杂色"对话框中将"数量"设置为25%,分布情况为"平均分布",使用"单色"杂色。

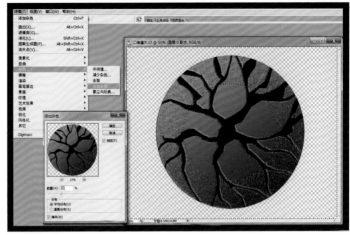

图3-95

⑬执行上步操作后,执行"滤镜"→"艺术效果"→"涂抹棒"命令。制作树叶效果,各项参数设置如图3-96所示。至此,二维灌木模块制作完毕。

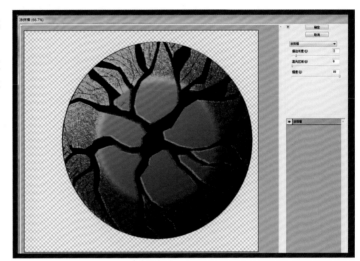

图3-96

3.2.5 使用AutoCAD进行图纸输出

①执行"文件"→"绘图仪管理器"命令,将弹出文件夹(图3-97)。双击"添加绘图仪向导"图标,添加一个打印机,将弹出如图3-98所示的设置面板。

图3-97

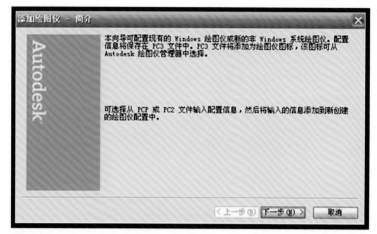

图3-98

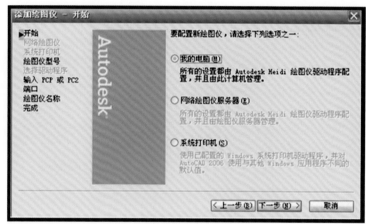

图3-99

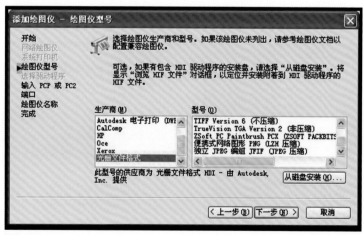

图3-100

②在图3-98所示的设置面板中，直接单击"下一步"按钮。

③在图3-99所示的"添加绘图仪—开始"面板中，选择"我的电脑"选项，然后单击"下一步"按钮。

④在弹出的如图3-100所示的"添加绘图仪—绘图仪型号"设置面板中，将"生产商"选择为"光栅文件格式"，型号选择为"MS-Windows BMP(非压缩DIB)"选项，这样将输出的位图格式定义为"BMP"，确定后单击"下一步"按钮。

PHOTOSHOP JIANZHU XIAOGUOTU SHIYONG JIAOCHENG

83

⑤弹出对话框询问是否输入打印机特性信息，此处不需要（图3-101）。

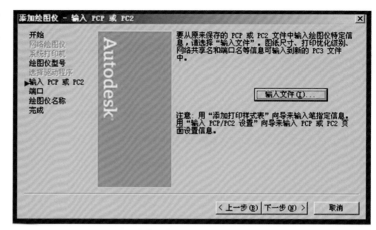

图3-101

⑥系统提示用户选择打印机端口。在该对话框中有两个复选项，一是"打印到文件"；二是"后台打印"。系统会提示用户选择相关的硬件。在此选择"打印到文件"项（图3-102），确定后单击"下一步"按钮。

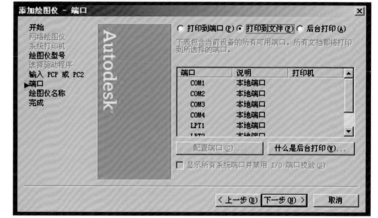

图3-102

⑦在"添加绘图仪—绘图仪名称"对话框中，可以为其命名，按照默认名称，单击"下一步"按钮继续。

⑧执行上一步操作后，就完成了添加打印机的全部操作（图3-103）。单击"完成"按钮结束操作。

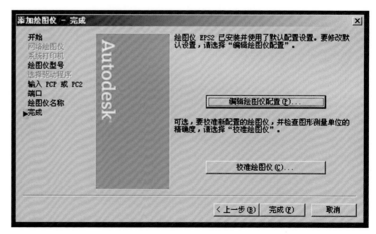

图3-103

图3-104

⑨完成添加打印机设置后，在"Plotters"设置面板中，系统就新增加了一个打印机（图3-104）。

图3-105

⑩确定打印机添加完毕后，执行"文件"/"打印"命令。在弹出的打印对话框中（图3-105），单击"名称"右侧的三角按钮，在下拉列表中选择新添加的打印机名称（打印机名称为TIFF Version 6(不压缩).pc3）。

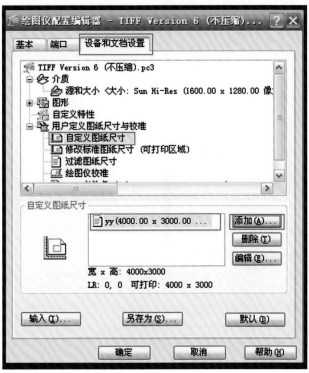

图3-106

⑪单击"打印"对话框的"特性"按钮，弹出"绘图仪配置编辑器"对话框，在"设备和文档设置"选项卡中选择"自定义图纸尺寸"，添加常用的4000×3000像素的打印尺寸（图3-106）。

⑫设置图纸尺寸为刚才定义的4000×3000像素,打印范围选择为窗口,打印偏移设置为居中打印,打印样式表设置为monochrome.ctb,图形方向为纵向,接下来进行预览(图3-107)。

⑬预览到的是整体图框层,确认无误后在"打印"窗口中单击"确定"按钮进行打印输出。如图3-108为打印输出的图纸效果。

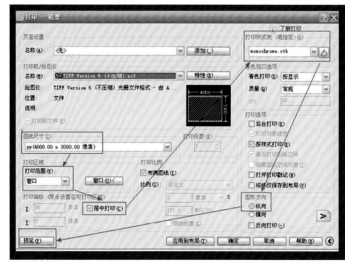

图3-107

项目实施

任务一 输出图纸

该文件是通过AutoCAD打印输出的,具体方法可参考本案中基础知识的详细讲解。

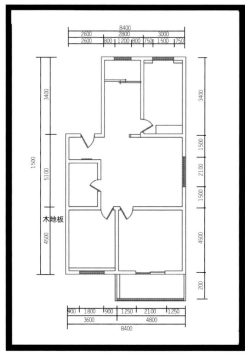

图3-108

任务二 绘制墙体

①打开"配套文件"/"中级篇2"/"项目实施"文件夹中的"家装平面图.tif"文件(图5-108)。

②使用【魔棒工具】 ,选择图纸中的墙体部分(图3-109)。将前景色设置为黑色,为选区填充前景色(快捷键Alt+Delete),效果如图3-110所示。

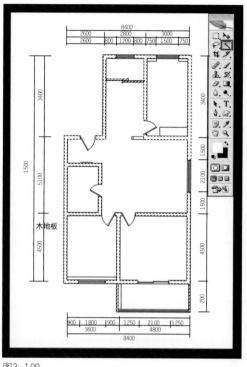

图3-109

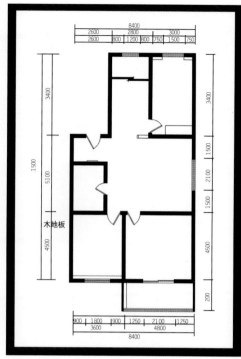

图3-110

提　示

　　使用【魔棒工具】选择墙体时，可按住Shift键进行连续选择。

任务三　制作客厅地面

　　客厅地面的制作将使用"图层"→"创建剪贴蒙版"命令，该命令的基本知识在"项目准备"环节中已作详细介绍。

　　①使用【魔棒工具】，选中图纸中的客厅部分（图3-111）。

　　②执行"图层"→"新建"→"通过拷贝图层"命令（快捷键Ctrl+J），此时，观察"图层面板"会发现，客厅部分已形成一个独立的名为"客厅"的图层（图3-112）。

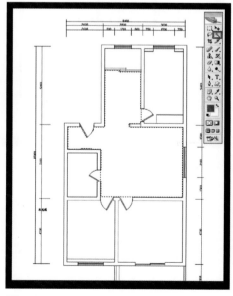

图3-111

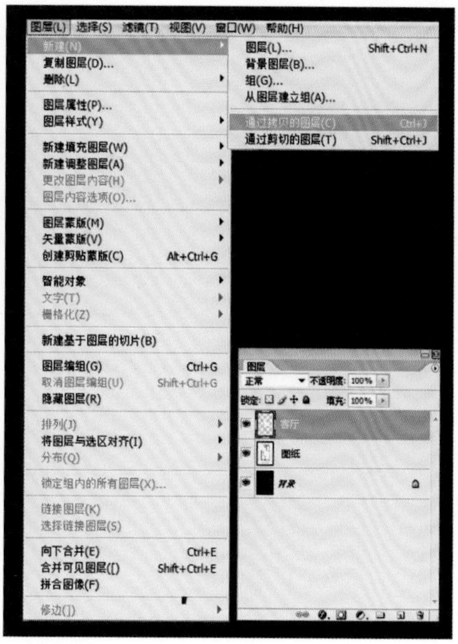

图3-112

将新图层命名为"客厅"，图3-113为隐藏了"图纸"图层后，显示的"客厅"图层的内容。

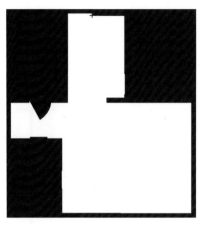

图3-113

③客厅一般使用抛光地砖，本案中使用如图3-114所示的地砖贴图（"配套文件"／"中级篇2"／"项目实施"文件夹中的"地砖贴图.tif"图片）。将贴地图片移动到图纸中（图3-115）。

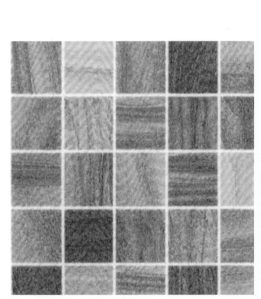

图3-114

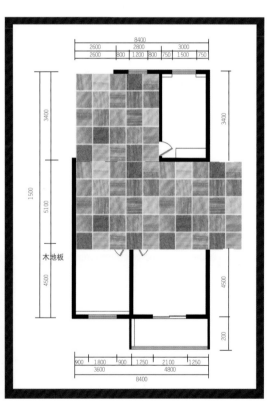

图3-115

④执行"图层"→"向下合并"命令（快捷键Ctrl+E），将图纸中的3个地砖图层合并为一个图层，命名为"地砖"。在"图层面板"中将"地砖"图层放置于"客厅"图层上方（图3-116）。

⑤执行"图层"→"创建剪贴蒙版"命令（快捷键Ctrl+Alt+G），客厅地面制作完成（图3-117）。

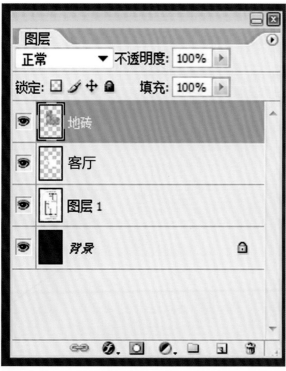

图3-116

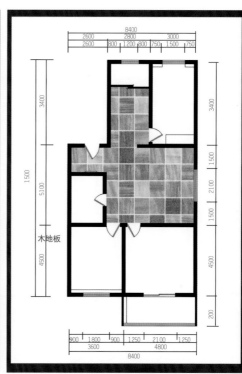

图3-117

任务四　制作卧室地面

　　卧室地面的制作将使用"图层样式"中的"图案叠加"命令，该命令的基本知识在"项目准备"环节中已作详细解读。

　　①打开"配套文件"／"中级篇2-家装彩平渲染图"／"项目实施"文件夹中的"卧室地板.jpg"文件（图3-118）。

　　②执行"编辑"→"定义图案"命令，将卧室地板图片自定义成图案（图3-119）。

图3-118

图3-119

③激活"图纸"图层，使用【魔棒工具】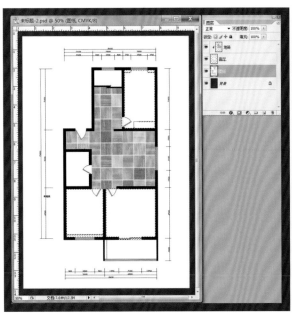，将图纸中卧室的部分选中（图3-120）。

④执行"图层"→"新建"→"通过拷贝图层"命令（快捷键Ctrl+J），此时，观察"图层面板"会发现，卧室部分已形成一个独立的名为"卧室"的图层（图3-121）。

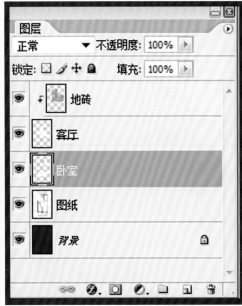

图3-120   图3-121

⑤选择"卧室"图层，在"图层面板"下方单击"图层样式"按钮 ，为其添加"图案叠加"的图层样式。此时弹出"图案叠加"复选框，在"图案"选项中选择刚才自定义的卧室地板图案（图3-122）。

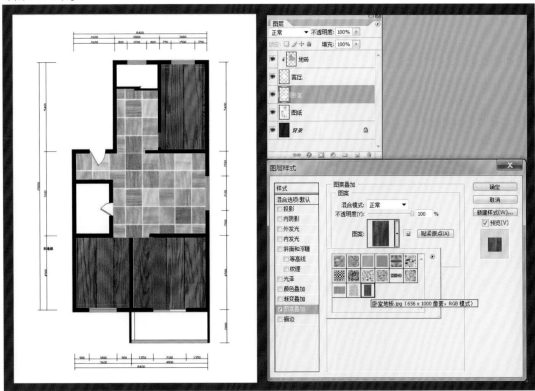

图3-122

此时填充的卧室地板的纹理过大，与图纸比例不符，因此需要调整卧室地板的比例大小。单击"图层样式"面板左侧的"图案叠加"选项，拖动"缩放"滑杆调整参数（图3-123）。

卧室地板的最终效果如图3-124所示。

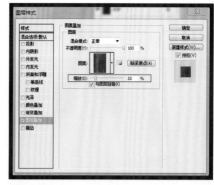

图3-123

任务五 制作其他区域地面

任选以上两种方法制作厨房、卫生间及阳台地面（图3-125），具体方法不再赘述。

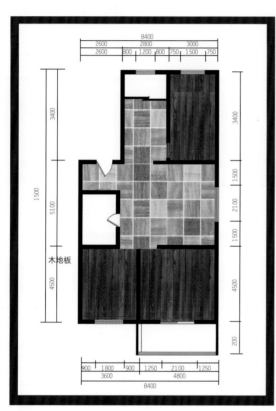

图3-124

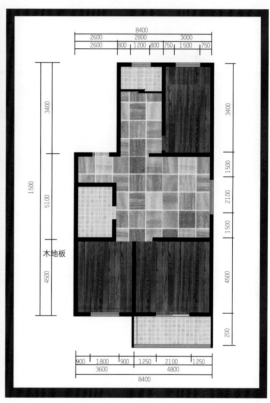

图3-125

任务六 制作家具模块

家装彩平渲染图中家具种类众多，模块制作方法各异，但万变不离其宗。现以主卧双人床为例，介绍家具模块的制作方法。

①打开"配套文件"/"中级篇2"/"项目实施"文件夹中的"床模块.jpg"文件（图3-126）。

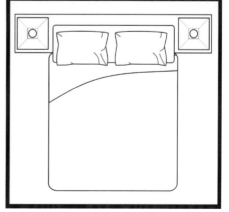

图3-126

②打开"配套文件"/"中级篇2"/"项目实施"文件夹中的"布纹1.jpg"文件（图3-127）。执行"编辑"→"定义图案"命令，在弹出的对话框中输入图案的名称（图3-128）。

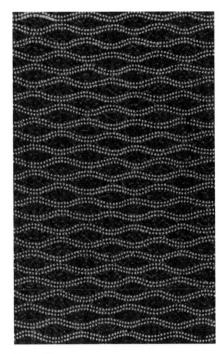

图3-127

图3-128

③在"图层面板"中选择背景图层，使用【魔棒工具】，将床单部分载入选区，并新建"被套"图层（图3-129）。

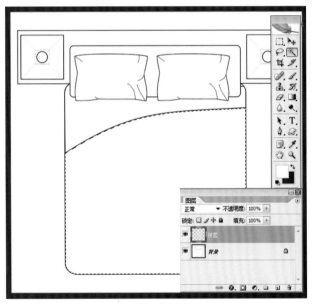

图3-129

④执行"编辑"→"填充"命令，在弹出的"填充"对话框中选择使用"图案"，在"自定图案"选项中选择刚才定义的布纹素材（图2-130）。此时，被套图层填充上图案，图3-131为填充自定义图案后的效果。

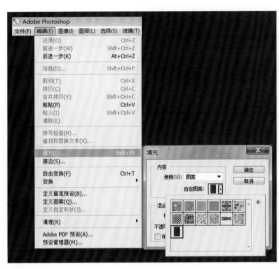

图3-130

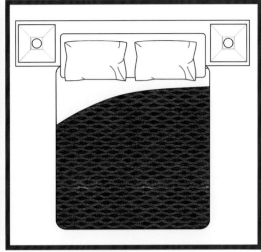

图3-131

⑤在"图层面板"中新建一个"枕头"图层，使用上述方法填充枕头（图3-132）。

⑥制作枕头的立体效果。在"图层面板"中选择"枕头"图层，单击"图层面板"下方的"图层样式"按钮，选择"投影"选项，为枕头添加投影效果。画面效果及参数设置如图3-133所示。

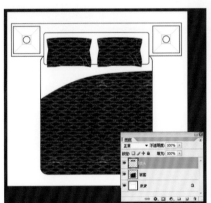

图3-132

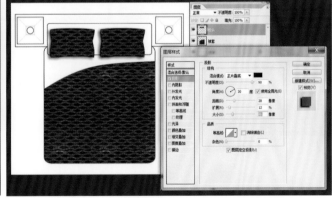

图3-133

⑦打开"配套文件"/"中级篇"/"项目实施"文件夹中的"布纹2.jpg"文件，按照上述方法填充床单部分。填充完毕后为"床单"图层添加"内阴影"效果（图3-134）。

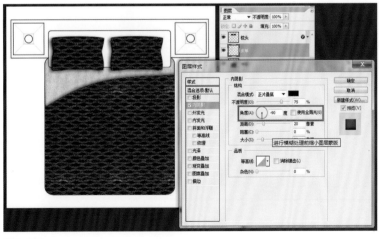

图3-134

提　示

在"图层面板"中，"床单"图层应放置于"枕头"图层下方，否则枕头的阴影效果会被遮盖。

为"床单"图层添加"内阴影"效果，是为了增加被套的立体感。在设置"内阴影"参数时，要注意阴影的角度，且不可使用全局光。

⑧在"配套文件"/"中级篇2"/"项目实施"文件夹中找到相应的图片，使用"自定义图案填充"的方法，制作床头和床头柜（图3-135）。

⑨使用【魔棒工具】 ，在背景图层中选中床头灯部分，并在"图层面板"中新建"灯"图层（图3-136）。

图3-135

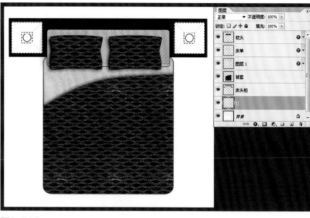

图3-136

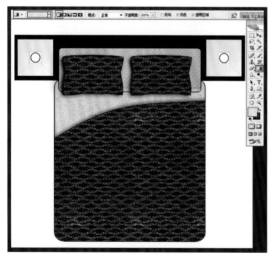

图3-137

⑩将前景色设置为淡黄色，使用【渐变工具】 ，在"渐变工具选项条"中选择"线性渐变"样式，设置渐变类型为"从前景到透明"，（图3-137）。

任务七　引用家具模块

①首先添加卧室家具。打开刚才制作完成的双人床模块，使用【移动工具】 将其拖拽到图纸中。再使用"自由变换"命令（快捷键Ctrl+T），调整素材的尺寸（图3-138）。

提　示

在拖拽模块前，可将模块文件中的多图层合并为一个图层。具体方法为：选中所有要合并的图层，按快捷键Ctrl+E即可。

②若画面空间允许，可在卧室内增加一张地毯，这样可使卧室更加温馨（图3-139）。

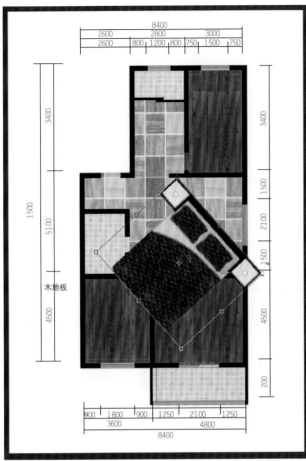

图3-138

图3-139

③最后，为家具制作立体效果。在"图层面板"中选择要添加立体效果的双人床模块图层，单击"图层面板"下方的【图层样式】按钮 ，在菜单中选择"投影"选项，参数设置如图3-140所示，注意在设置参数时可将投影大小设置得大一些。

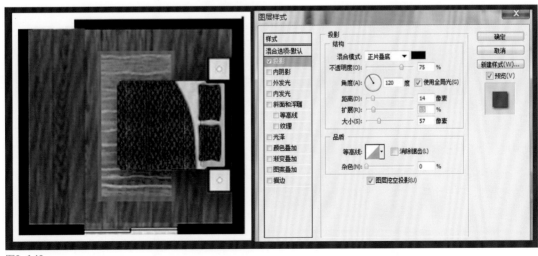

图3-140

④采用上述方法，添加其他模块（图3-141）。

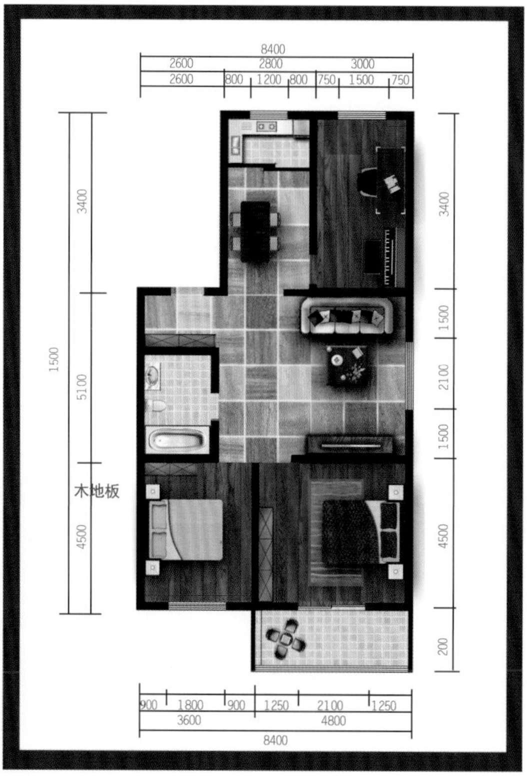

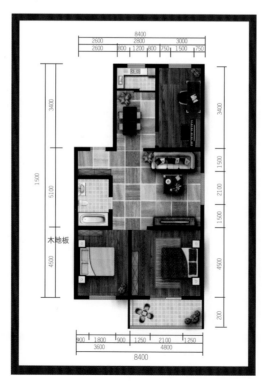

图3-141

任务八　引用植物模块

　　为了使画面更加生动，可在彩平图中添加植物模块。将前面所讲 "技巧练习" 中制作的植物模块移动到彩平效果图中（图3-142）。

图3-142

任务九　画面整体效果调整

最后，检查画面的整体效果。画面的色调应在保持整体色调和谐统一的前提下，在明暗程度和色相上略有些许变化，若明暗对比太强，色相跨度太大，则会使画面显得杂乱无章。

观察已完成的彩平效果图，可将画面明暗关系略作调整。选择工具箱中的【减淡工具】，在客厅中央部分略微涂抹，增加客厅的亮度；选择工具箱中的【加深工具】，在客厅边缘部分略微涂抹，使之与客厅中央形成对比。如图3-143为彩平效果图最终效果。

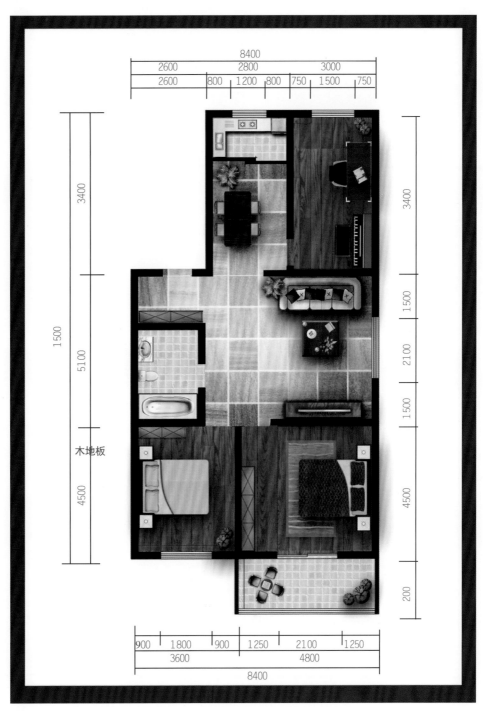

图3-143

本章小结

　　家装彩平图的绘制在建筑表现中较为简单，主要是通过素材模块的置入和各种材质的填充向客户呈现出大体的房间布局。近几年，市场上可供设计师使用的素材模块越来越多，但作为初学者，自己动手绘制素材模块不仅能提高软件的操作能力，并且根据家装风格绘制不同的素材模块，更有利于把控彩平效果图的整体风格。

作　业

　　打开"配套文件"/"中级篇2"/"作业"文件夹中的"户型图.psd"文件，绘制家装彩平图。

高级篇
（综合实训）

PHOTOSHOP   JIANZHU XIAOGUOTU
SHIYONG JIAOCHENG

4.1

建筑单体人视图后期制作

在建筑效果图的制作过程中，使用三维软件直接生成的效果图，受到软件功能和制作时间的限制，不能直接达到满意的效果，因此通常在使用三维软件进行建模、材质、灯光和渲染完成初步设计后，再利用Photoshop软件对初步设计的图像进行调整和优化等后期处理，以达到设计需要的效果。

本章将学习建筑单体人视图的后期制作（图4-1）。

图4-1

4.1.1 建筑效果图后期处理的步骤

（1）将通道文件和渲染成图对齐

为了便于建筑效果图在后期处理时灵活选择物体，需要在三维软件中渲染通道图（图4-2）。通道图和渲染成图须保存为TGA格式。通道不需要背景，删除通道背景后，按住Shift键的同时，将通道文件拖拽到渲染成图中，使通道文件和渲染成图对齐，然后利用通道图选区，删除渲染成图的背景。

（2）添加天空

选择天空素材的时候需要注意三点：一是注意天空与建筑的对比关系，建筑的色调暗时天空要亮，反之亦然；二是注意天空与建筑的和谐关系，所用天空的颜色最好在建筑物上能找到；三是要选择有变化的天空图片，天空的色调要有明暗变化，云要若隐若现，最好不要使用具象的云，云的走向应避免与建筑的主要走向平行。

（3）调整建筑

调整建筑材质的过程，是建立在作图者对建筑物的理解之上的，要结合渲染效果，协调和区分材质与材质之间的关系以及光影变化，并适当美化，使用户感受到建筑的魅力。

图4-2

（4）制作配景

配景主要起到烘托主题的作用，亦能丰富画面，均衡构图。配景须根据建筑物的性质来做，例如商场、剧院等需要足够的交通工具、人流和灯光来体现都市感（图4-3）；科研建筑、高档别墅多要宁静的感觉；住宅小区要体现温馨、活力感（图4-4）。

图4-3

图4-4

初学者在制作配景时，须遵循从大面积到小面积，从整体到局部，从远景到近景再到中景的顺序。其中，远景的作用是衬托主体，景不宜实，必须进行虚化；近景直接影响画面的视觉效果，因此需要选择形态、颜色唯美的素材。

（5）整体调整

调整整体效果的目的是进一步强调整体气氛，首先要保证效果图整体色彩的和谐，比如在制作日景时，增添画面的阳光效果；在制作夜景时，整体效果上稍微偏冷色。然后再来查看细节，如往玻璃的材质中添加一些树木和天空的贴图，以增加生动的画面感觉等。这些细节的调整将用到图层混合模式、滤镜、色调调整等命令。

本案中的细节调整主要体现在制作日光效果和飘落的树叶上。先来看看调整日光效果前后的图片（图4-5）。

图4-5

二者的不同在于，调整后的效果图中大量运用了"图层混合模式"来调节画面效果（图4-6）。

图4-6

4.1.2 关于"图层混合模式"

"图层混合模式"决定当前图层中的像素与其下面图层中的像素以何种模式进行混合，简称图层模式。

"图层混合模式"是建筑效果图后期处理中最为常用的一种技术手段，可以创建各种图层特效。Photoshop CS5中有25种图层混合模式，每种模式都有各自的运算公式。因此，对同样的两幅图像，设置不同的图层混合模式，得到的图像效果也是不同的。

在图层调板中选择一个图层，单击"图层调板"的"图层混合模式"下拉列表按钮，会展开多种混合模式选项（图4-7）。

理解"图层混合模式"之前需要学习3个术语：混合色、基色和结果色。混合色指当前图层的颜色；基色指当前图层之下的图层颜色；结果色指混合后得到的颜色。

下面以图6-8所示的图层顺序为例介绍各种图层混合模式的效果。

正常　混合色的显示与不透明度的设置有关。当"不透明度"为100%，结果色的像素将完全由所用的混合色代替；当"不透明度"小于100%时，混合色的像素会通过所用的颜色显示出来，显示的程度取决于不透明度的设置与基色的颜色，结果如图6-9所示。

图4-7

图4-8

图4-9

溶解　结果色随机取代具有基色和混合色的像素，取代的程度取决于该像素的不透明度。在当前图层完全不透明的情况下，"溶解"模式不起作用。降低当前图层的不透明度，将会使某些像素完全透明，其他则完全不透明的。当前图层的不透明度设置越低，消失的像素越多，效果越明显，图4-10和图4-11是不透明度分别为50%、80%的效果。

图4-10 图4-11

变暗　查看每个通道中的颜色信息，并选择基色或混合色中较暗的颜色作为结果色。比混合色亮的像素被替换，比混合色暗的像素保持不变，结果如图4-12所示。

正片叠底　查看每个通道中的颜色信息，并将基色与混合色复合，结果色总是较暗的颜色。任何颜色与黑色复合产生黑色，任何颜色与白色复合保持不变，结果如图,4-13所示。

图4-12 图4-13

颜色加深　查看每个通道中的颜色信息，并通过增加对比度使基色变暗以反映混合色，如果与白色混合将不会产生变化，结果如图4-14所示。

线性加深　通过减小亮度使基色变暗以反映混合色。混合色与基色上的白色混合后将不会产生变化，结果如图4-15所示。

图4-14

图4-15

深色　查看每个通道中的颜色信息，比较混合色与基色的所有通道的总和，并显示值较小的颜色，不会生成第三种颜色，结果如图4-16所示。

变亮　查看每个通道中的颜色信息，并选择基色或混合色中较亮的颜色作为结果色。比混合色暗的像素被替换，比混合色亮的像素保持不变，结果如图4-17所示。

图4-16

图4-17

滤色　滤色模式与正片叠底模式正好相反，它将图像的基色颜色与混合色颜色结合起来产生比两种颜色都浅的第3种颜色，结果如图4-18所示。

颜色减淡　查看每个通道中的颜色信息，并通过减小对比度使基色变亮以反映混合色。与白色混合时图像中的色彩信息降至最低，与黑色混合则不发生变化，结果如图4-19所示。

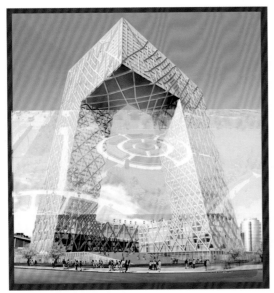

图4-18

图4-19

　　线性减淡　　查看每个通道中的颜色信息，并通过减小对比度使基色变亮以反映混合色。与黑色混合则不发生变化，结果如图4-20所示。

　　叠加　　把图像的基色颜色与混合色颜色相混合产生一种中间色。基色内颜色比混合色暗的颜色使混合色倍增，比混合色亮的颜色将使混合色被遮盖，而图像内的高亮部分和阴影部分保持不变，因此黑色或白色像素着色时叠加模式不起作用，结果如图4-21所示。

图4-20

图4-21

　　柔光　　如果混合色比基色更亮一些，那么结果色将更亮；如果混合色比基色更暗一些，那么结果色将更暗，使图像的亮度反差增大，结果如图4-22所示。

　　强光　　如果混合色比基色更亮一些，那么结果色将更亮，如果混合色比基色更暗一些，那么结果色将更暗，结果如图4-23所示。

图4-22

图4-23

　　亮光　通过增加或减小对比度来加深或减淡颜色，具体取决于混合色。如果混合色（光源）比50%灰色亮，则通过减小对比度使图像变亮，如果混合色比50%灰色暗，则通过增加对比度使图像变暗，结果如图4-24所示。

　　线性光　通过减小或增加亮度来加深或减淡颜色，具体取决于混合色。如果混合色（光源）比50%灰色亮，则通过增加亮度使图像变亮；如果混合色比50%灰色暗，则通过减小亮度使图像变暗，结果如图4-25所示。

图4-24

图4-25

　　点光　点光其实就是替换颜色，如果混合色比50%灰色亮，就会替换比混合色暗的像素，而不改变比混合色亮的像素。如果混合色比50%灰色暗，就会替换比混合色亮的像素，而不改变比混合色暗的像素，结果如图4-26所示。

实色混合　当混合色比50%灰色亮时，基色变亮，如果混合色比50%灰色暗，就会使底层图像变暗，结果如图4-27所示。

图4-26 　　　　　　　　　　　　　　　　　　　　　　图4-27

差值　查看每个通道中的颜色信息并从基色中减去混合色，或从混合色中减去基色，具体取决于哪一个颜色的亮度值更大。与白色混合将反转基色值，与黑色混合则不发生变化，结果如图4-28所示。

排除　与"差值"模式相似，比用"差值"模式获得的颜色更柔和、更亮一些，结果如图4-29所示。

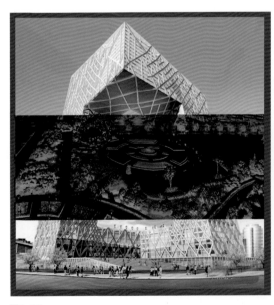

图4-28 　　　　　　　　　　　　　　　　　　　　　　图4-29

色相　用混合色的色相值进行着色，而使饱和度和亮度值保持不变。当基色与混合色的色相值不同时，才能使用描绘颜色进行着色，结果如图4-30所示。

饱和度　与"色相"模式相似，只用混合色颜色的饱和度值进行着色，而使色相值和亮度值保持不变。当基色与混合色的饱和度值不同时，才能使用描绘颜色进行着色处理，结果如图4-31所示。

图4-30

图4-31

颜色　能够使用混合色的饱和度值和色相值同时进行着色，而使基色的亮度值保持不变。"颜色"模式可以看成是"饱和度"模式和"色相"模式的综合效果，结果如图4-32所示。

亮度　此模式创建与"颜色"模式相反的效果。此模式能够使用混合色的亮度值进行着色，而保持基色的饱和度和色相数值不变。其实就是用基色中的"色相"和"饱和度"以及混合色的亮度创建结果色（图4-33）。

图4-32

图4-33

本案中画面的整体调整使用了"图层混合模式"中的"叠加"模式。具体操作将在项目实训中讲解。

4.1.3 关于"通道"

在效果图后期处理时需要用到大量树木素材，很多时候形态优美的树木素材并非PSD格式，这就需要自己动手将素材抠取出来。树木形态复杂，树叶琐碎，用一般的抠图工具不容易处理，这里就需要用到"通道"。

（1）通道的概念及应用

在Photoshop中通道可以分为原色通道、Alpha通道和专色通道3类，每一类通道都有其不同的功用与操作方法。

①原色通道

简单地说，原色通道是保存图像的颜色信息、选区信息的场所。例如，对于CMYK模式的图像，具有4个原色通道与1个原色合成通道（图4-34）。图像的青色像素分布的信息保存在青色原色通道中，当改变青色原色通道时，就可以改变青色像素分布的情况；同样，图像的黄色像素分布的信息保存在黄色原色通道中。因此当改变黄色原色通道时，就可以改变黄色像素分布的情况。其他两个构成图像的原色洋红与黑色像素分别被保存在洋红色原色通道及黑色原色通道中，最终看到的就是由这4个原色通道所保存的颜色信息对应的颜色组合叠加而成的效果。而对于RGB模式图像，则有4个原色通道，即3个用于保存原色像素（R、G、B）的原色通道——红色原色通道、绿色原色通道、蓝色原色通道和一个原色合成通道（图4-35）。

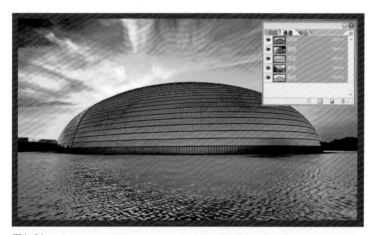

图4-34

图4-35

②Alpha通道

Alpha通道用来存放选区信息，其中包括选区的位置、大小、是否具有羽化值及其值的大小。在Alpha通道中白色表示被选择区域，黑色表示不被选择区域，灰色表示部分选择的区域。

如图4-36所示，即是将埃菲尔铁塔的选区保存为Alpha通道。由于埃菲尔铁塔的选区较为复杂，此时可以长久地将其储存于Alpha通道中，以便随时重新载入该选区或将该选区载入其他图像中（图4-37）。

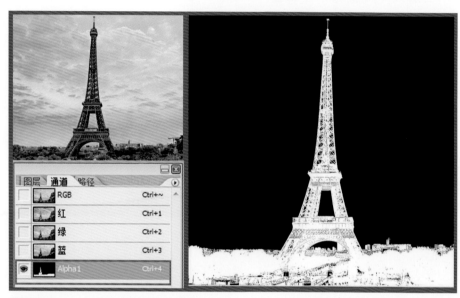

图4-36

图4-37

③专色通道

专色通道（又称专色油墨）是指在印刷时使用的一种预制的油墨。使用专色的好处在于可以获得通过使用CMYK四色油墨无法合成的颜色效果，例如金色与银色。此外，使用专色可以降低印刷成本。

（2）技巧练习——利用通道抠取树木

在绘制建筑效果图时，会用到大量树木素材，但树木枝叶复杂利用普通选择方式很难选取，这时可利用通道创建选区即可得到理想的效果。

①打开"配套文件"/"高级篇1"/"技巧练习"文件夹中"树木.jpg"（图4-38）。切换至"通道"调板，此时显示"红""绿""蓝"3个通道。

图4-38

②观察3个通道图像可以看出"蓝"通道中图像的对比度最高，要去除树木周围的背景最好利用"蓝"通道。可是，如果直接调整"蓝"通道，会破坏整幅图像的颜色。所以，必须复制"蓝"通道，得到"蓝 副本"通道（图4-39）。"蓝 副本"通道是颜色专用通道，会较小地改变原来的图像颜色，正常情况下观察不出来原来图像颜色的变化。

图4-39

③设置前景色为白色，用【画笔工具】 填涂树木以外的背景，将背景全部填充为白色（图4-40）。

④按Ctrl+L快捷键应用"色阶"命令，进一步调整黑白对比关系，使树木轮廓清晰（图4-41）。

图4-40

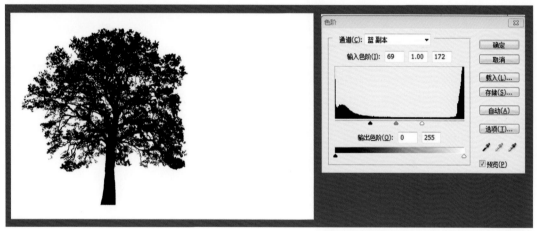

图4-41

⑤因为在Alpha通道中白色表示被选择区域，黑色表示不被选择区域，所以要选择树木必须将其变为白色。按住Ctrl+I快捷键应用"反向"命令，得到如图4-42所示的效果。

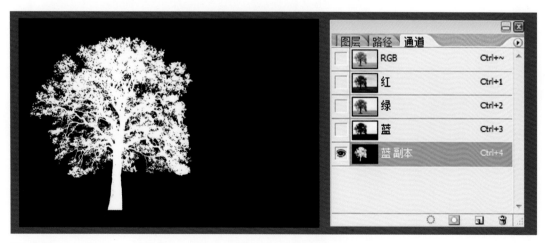

图4-42

⑥按住Ctrl键的同时，在"通道"调板中单击"蓝 副本"缩略图，将树木载入选区。

⑦显示"RGB"通道，如图4-43中红色线框所示。返回"图层"调板，选择"背景"图层，利用【移动工具】 即可将树木移出（图4-44）。

图4-43   图4-44

通道抠图，就是在颜色通道里观察，要抠取的图像与周围图像的对比度是否清晰，越清晰则越容易抠出。这就是看颜色通道质量的基本要求，有时候可能对比不明显，就要借助色阶、蒙版等工具进行通道黑白的对比调整。

项目实施

任务一　表现天空

①打开"配套文件"/"高级篇1"/"项目实施"文件夹中的"建模.psd"文件和"天空.jpg"文件（图4-45）。

图4-45

②为了衬托主体建筑物，需要将天空色调调淡。执行"图像"→"调整"→"色相/饱和度"和"图像"→"调整"→"亮度/对比度"命令，调节天空的颜色（图4-46、图4-47）。

图4-46

图4-47

③使用【移动工具】 ▶+ 将调整好的"天空"图片拖拽到效果图中（图4-48）。

图4-48

任务二　表现远景

　　在建筑效果图的制作过程中，常用压脚树或树影来强调清幽、宁静的环境，压角树一般面积较小，调整成较暗的颜色。

　　①打开"配套文件"/"高级篇1"/"项目实施"文件夹中的"远景树.psd"图片，使用【移动工具】▶+ 将其移动到效果图中（图4-49）。

　　②为强调远景树的光影效果，可执行"图像"→"调整"→"亮度/对比度"命令，调节树木的明暗关系（图4-50）。

图4-49　　　　　　　　　　图4-50

任务三　表现近景

近景是图像中离视点最近的景物，在本案中体现为效果图下方的花坛部分。

①首先表现花卉。打开"配套文件"/"高级篇1"/"项目实施"文件夹中的"花卉.psd"文件，使用【移动工具】将花卉移动到效果图中并使用"自由变换"（快捷键Ctrl+T）命令调节花卉的大小。

近景使用的花卉素材较多，可使用图层组来管理图层（图4-51）。

②然后表现汽车。打开"配套文件"/"高级篇1"/"项目实施"文件夹中的"汽车.psd"文件，使用【移动工具】将汽车移动到效果图中（图4-52）。

图4-51

图4-52

③制作汽车的阴影。复制"汽车"图层，得到"汽车副本"图层（图4-53）。将"汽车副本"图层载入选区，即按Ctrl键的同时点击"汽车副本"图层的缩略图（图4-54）。

图4-53

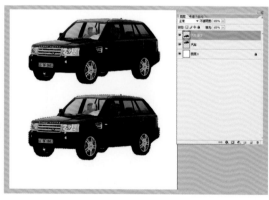

图4-54

④设置前景色为深咖啡色，填充选区，得到汽车剪影的效果（图4-55）。执行"自由变换"命令（Ctrl+T）压缩汽车剪影（图4-56）。

图4-55

图4-56

⑤使用【移动工具】 调整汽车剪影的位置，将其移动到汽车图层下方。

⑥设置"汽车副本"图层的"不透明度为60"，汽车的阴影效果制作完成（图4-57）。

图4-57

⑦链接"汽车"和"汽车副本"图层，将其一同移动到效果图中（图4-58）。

图4-58

任务四　表现中景

中景主要是渲染建筑物周围的树木、灌木和人物等。选择合适的色彩、形状和位置对中景的表现和整体图像的氛围是非常重要的。

①添加树木。打开"配套文件"/"高级篇1"/"项目实施"文件夹中的"中景素材.psd"文件。使用【移动工具】将树木素材移动到效果图中，注意树木的参差错落和整体形态（图4-59）。

图4-59

②添加灌木。打开"配套文件"/"高级篇1"/"项目实施"文件夹中的"中景素材.psd"文件，将灌木素材移动到效果图中（图4-60）。

图4-60

在制作中景的过程中，如觉得素材的颜色、光影效果不理想，则可以使用"图像"→"调整"→"亮度/对比度"等命令，调节素材的色彩和明暗关系。

任务五　表现远景

①添加阳台上的花草。

打开"配套文件"/"高级篇1"/"项目实施"文件夹中的"阳台花.psd"文件，使用【移动工具】将素材移动到效果图中。执行"自由变换"命令（Ctrl+T）调整素材的方向（图4-61）。

图4-61

②制作飘落的树叶。

新建一个文件并命名为"落叶"（图4-62）。打开"配套文件"/"高级篇1"/"项目实施"文件夹中的"树叶.psd"文件，使用【移动工具】将素材移动到"落叶"文件中，执行"自由变换"命令（Ctrl+T）调整树叶的大小（图4-63）。

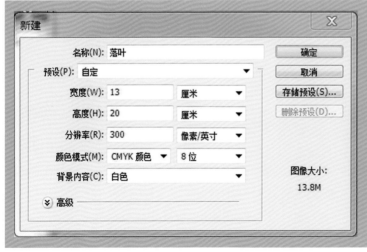

图4-62

图4-63

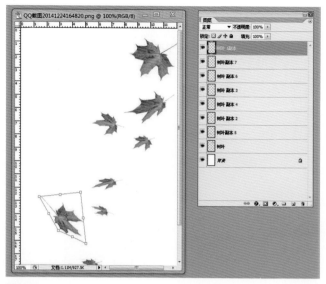

图4-64

将"树叶"图层拖拽到"图层面板"中的"新建图层"图标上，即可复制多个"树叶"图层。再次执行"自由变换"命令（Ctrl+T）逐一调整每片树叶的大小、方向和形态（图4-64）。

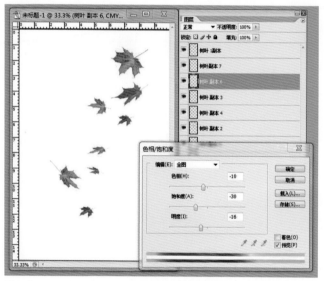

图4-65

提 示

在执行"自由变换"命令（Ctrl+T）时，按住Shift键的同时调整一个角的节点可等比例缩放图像；按住Ctrl键的同时调整一个角的节点可扭曲图像。

选取其中的几片树叶，执行"图像"→"调整"→"色相/饱和度"命令，将树叶调成深浅不一的颜色（图4-65）。

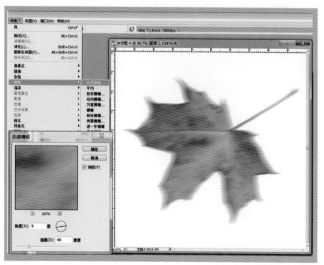

图4-66

接下来，制作落叶的动感。选取一片树叶，执行"滤镜"→"模糊"→"动感模糊"命令（图4-66）。

执行"滤镜"→"风格化"→"风"命令（图4-67）。

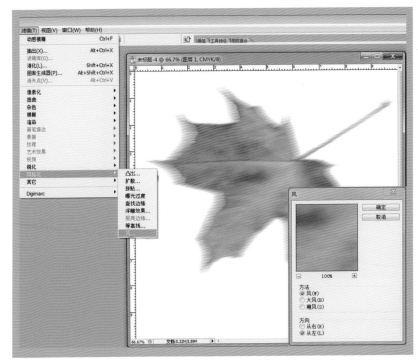

图4-67

将其他落叶也执行以上操作，得到落叶最终的效果（图4-68）。

将制作好的落叶效果拖拽到效果图中（图4-69）。

图4-68

图4-69

③虚化远景建筑

效果图中以突出主体建筑为目的，故需要将远景的建筑物虚化才能起到衬托的作用。

使用【钢笔工具】并在其"工具属性栏"中选择"路径"选项，勾勒出远景建筑的外形（图4-70）。接下来，将路径变为选区（Ctrl+Enter）（图4-71）。

图4-70

图4-71

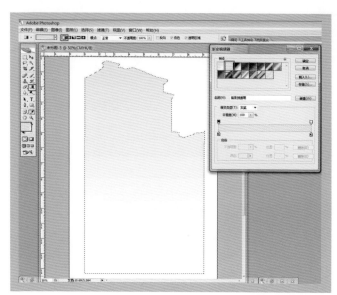

使用【矩形选区工具】将选区移动到一个新建文件中。然后使用【渐变工具】，设置前景色为浅紫色，在"渐变工具属性栏"中选择线性渐变，并选择"从前景到透明"的渐变模式填充选区（图4-72）。

图4-72

将做好的图层命名为"远景建筑蒙版"，然后将其拖拽到效果图中（图4-73）。

图4-73

接下来，调节"远景建筑蒙版"图层的不透明度为60%（图4-74），远景建筑效果制作完毕。

图4-74

任务六　整体调整

此时，进入画面的整体调整阶段。观察已完成的效果图发现整体色调偏冷，且色调较平均，缺少视觉焦点。整体调整时，可增加画面的暖色调并着重强调画面中心的阳光效果。

①强调画面的视觉中心

一幅优美的建筑效果图需要有一个视觉中心，视觉中心是画面的焦点，起到引人入胜的作用，视觉中心内的景物形态要优美，色彩要明亮，意境要深远。

本案将效果图的中景部分（图4-75）作为画面的视觉中心，在增加其色彩的明亮程度的同时，注意营造阳光普照的画面效果。

图4-75

回忆一下我们在基础知识中讲到的"图层混合模式"，其中"线性减淡"模式可通过减小对比度使基色变亮以反映混合色。因此，强调画面中心的阳光效果将用到"图层混合模式"中的"线性减淡"模式。具体操作如下：

新建一个图层命名为"视觉中心",将其放置于图层面板最上方。使用【矩形选框工具】框选出画面视觉中心的位置(图4-76)。

图4-76

将前景色设置为淡黄色,填充前景色(Alt+Delete)并删除选区(Ctrl+D)(图4-77)。

图4-77

设置"视觉中心"的图层混合模式为"颜色减淡",填充值为43%。此时,画面中心的颜色明显变亮(图4-78)。

图4-78

为"视觉中心"图层添加图层蒙版，使用【画笔工具】并设置前景色为黑色，在画笔工具的属性栏中选择柔边效果的画笔样式，设置不透明度为31%，在"视觉中心"图层边缘渐渐涂抹（图4-79）。

图4-79

接下来，进一步提亮前景和中景的色调。新建图层并命名为"视觉中心2"，设置前景色为橘红色，使用【画笔工具】在需要提亮色调的地方涂抹（图4-80）。注意在涂抹时根据需要调节画面的大小及不透明度。

图4-80

设置"视觉中心2"的图层混合模式为"颜色减淡"，填充值为43%（图4-81）。

图4-81

②增加画面的暖色调

画面整体色调的调整将要使用"图层面板"中的"建立填充或调整图层"命令。单击"建立填充或调整图层" 下拉列表按钮 ，选择"色彩平衡"选项（图4-82）。此时，图层面板中出现"色彩平衡"（图4-83）。在弹出的"色彩平衡"面板中调节画面色调（图4-84）。

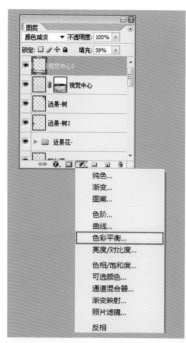

图4-82

图4-83

图4-84

③为画面增添意境美

将基本完成的效果图另存为jpg格式，命名为"建筑效果图"。执行"滤镜"→"模糊"→"高斯模糊"命令将图片虚化（图4-85、图4-86）。

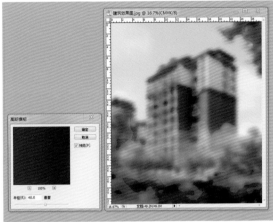

图4-85 图4-86

　　将虚化后的"建筑效果图.jpg"文件拖拽到psd格式的效果图中，将图层的混合模式设置为"叠加"，填充设置为30%（图4-87）。

图4-87

　　这样做出的效果图不仅具有更强烈的明暗对比关系，而且有若隐若现的意境美。建筑单体人视图的最终效果如图4-88所示。

图4-88

项目小结

　　一幅具有设计美感的效果图需要协调环境、建筑物本身、建筑周边的场景等多方面的因素才能衬托出建筑的魅力。

　　建筑效果图后期处理的制作顺序应遵循从大面积到小面积，从远景到近景再到中景的制作原则。建筑效果图整体调整的原则为：前景暗，中景亮，远景虚。一幅效果图中应有一个视觉中心，通常将中景处理成视觉中心。视觉中心内的景物形态要优美，色彩要明亮，意境要深远。

作　业

　　结合本章所学，对"高级篇1/配套文件/作业"文件夹中的原图效果进行处理，营造夜景效果。最终效果可参考图4-89。

原图

图4-89

4.2

公园鸟瞰图后期制作

图4-90

　　鸟瞰效果图一般针对的是室外建筑效果图。所谓鸟瞰效果图，就是指从室外高处建立视角，像小鸟一样俯瞰全景。鸟瞰图是反映建筑与建筑之间、建筑与景物之间关系的图，它可以直观地说明建筑物、人物、景物的位置，互相的高度关系，同时对建筑的形态、立面设计、地面铺装材料、整体绿化布置等都有很精确的描述。在所有的建筑效果图里，如果非要通过一张图来展示整个方案概况的话，鸟瞰图可能是唯一的选择。

4.2.1　项目准备

　　鸟瞰图的后期处理是室外建筑效果图后期处理最复杂的领域之一，鸟瞰图由于场景较大、使用的素材较多，在制作时应着重把握以下四个方面：

　　①透视　注意近大远小、近实远虚、近疏远密的透视关系。

　　②比例　注意建筑、植物、雕塑、石头等素材之间的高低、大小关系。

　　③光影　制作时要注意画面中所有物体的受光面和背光面在方向上保持一致。

　　④色彩协调　画面的色彩应以绿色为主，在此基础上可点缀其他色彩。切忌画面色彩过多过杂。

　　在制作鸟瞰图的过程中，应遵循从大面积到小面积，从草地到树木再到其他配景的顺序。

4.2.2 项目实施

任务一 合成通道图及渲染图

①打开"配套光盘"/"高级篇2"/"项目实施"/"通道图.jpg"和"渲染图.jpg"文件（图4-91、图4-92）。

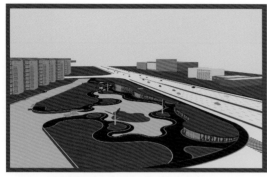

图4-91 通道图

图4-92 渲染图

②将渲染图与通道图叠加（图4-93）。

③调整画面的色彩对比。经过渲染计算后得到的图像，在调入Photoshop后一般都需要对图像的整体色调进行调整，以适合Photoshop环境中的视觉感受。可根据需要执行"图像"→"调整"→"亮度/对比度"命令来调节。

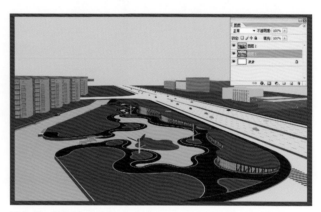

图4-93 叠加图

任务二 制作草地

选择"通道"图层可以发现，此时画面中的咖啡色区域为草地区域（图4-94）。草地区域的特点是面积大，分布零散，形态多变。若采取逐一填充的方式，不仅增加了工作量，而且效果也不理想。因此，可以采取整体填充的方法。

需要用到的命令是"图层"→"创建剪贴蒙版"。如前所述，"创建剪贴蒙版"命令至少需要两个图层才能执行。要制作草地，除了需要草地的素材图片外，还需要我们动手创建一个与草地面积形状相同的图层。

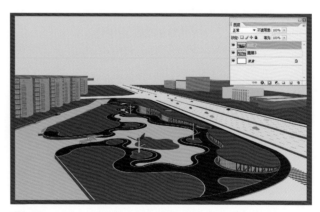

图4-94

提 示

"图层"→"创建剪贴蒙版"命令在"中级篇2——家装彩平渲染图"项目中已进行详细讲解。

131

①创建与草地面积形状相同的图层

执行"选择"→"色彩范围"命令,在"色彩范围"对话框中用【吸管工具】 吸取通道图中草地区域的咖啡色,此时在通道图上可选取要制作草坪的区域。如图4-95所示,草地区域被载入选区。

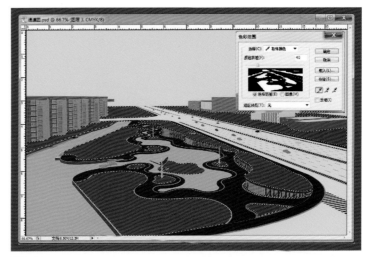

图4-95

使用"图层"→"通过拷贝图层"命令(快捷键Ctrl+J)复制选区内容,并生成一个新图层,将其命名为"通道绿地"(图4-96)。此时一个与草地面积外形相同的图层就创建好了。

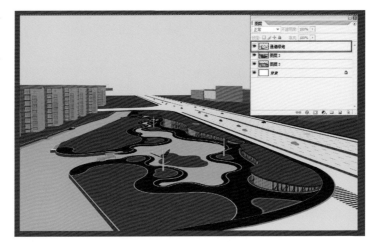

图4-96

②选择草地素材

打开"配套光盘"/"高级篇2"/"项目实施"/"草地.jpg"文件,用【选框工具】 选取其中的草地部分,然后使用【移动工具】 将草地部分移到效果图中。执行"自由变换"命令(快捷键Ctrl+T)调整草地图片的大小(图4-97)。

提 示

在调整草地图片的大小时,需要细心观察草地的纹理尺度,纹理尺度不能过大,要与效果图的整体比例协调。

③拼接草地素材

鸟瞰图中草地的面积通常都很大,而尺寸大、图像精又符合作图要求的草地素材图片往往不好找,这就需要对现有素材进行拼接和修补。

使用【选框工具】 框选草地图片中纹理细腻的部分,按快捷键Ctrl+J将这部分图片复制出来,移动到未贴草地图片的区域(图4-98)。

图4-97 图4-98

重复执行以上操作，直至贴满绿地部分（图4-99）。

图4-99 图4-100

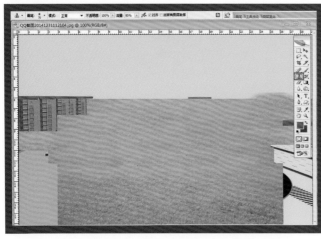

图4-101

使用快捷键Ctrl+E，将"图层面板"中复制出的多个图层合并为一个"绿地"图层，结果如图4-100所示。

④修补绿地贴图的细节

修补工作主要体现在修补图片中的接缝部位，可用【仿制图章工具】 来完成。按住Alt键的同时单击草地图像中没有接缝的区域，释放Alt键，并在要修复的接缝处涂抹，结果如图4-101所示。

⑤完成草地贴图

在"图层面板"中，将"绿地"图层放置于"通道绿地"图层上方，执行"图层"→"创建剪贴蒙版"命令（图4-102、图4-103）。最终效果如图4-104所示。

图4-102

图4-103

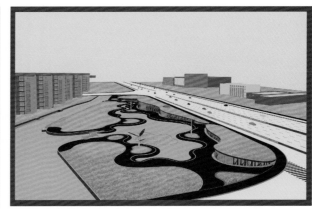

图4-104

⑥调节草地的色彩和色调

绿地亦有远近、深浅的光影变化。执行"图像"→"调整"→"曲线"命令，提亮绿地的色调，增强其对比度（图4-105）。

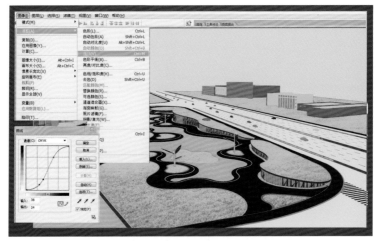

图4-105

隐藏通道图层，观察绿地贴图后的效果（图4-106）。

图4-106

任务三　制作公路

公路的制作也要用到"图层"→"创建剪贴蒙版"的方法。由于与绿地制作方法相同，这里只作简要讲解。

①首先执行"色彩范围"命令将通道图层中黄色的部分载入选区，然后执行"图层"→"通过拷贝图层"命令（快捷键Ctrl+J）创建一个新图层，将其命名为"通道公路图层"（图4-107）。此步骤是为创建剪贴蒙版作准备。

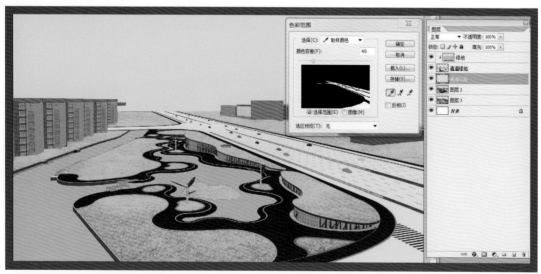

图4-107

②打开"配套光盘"/"高级篇2"/"项目实施"/"公路.jpg"文件，执行"自由变换"命令（快捷键Ctrl+T），根据效果图的比例调整公路图片的大小（图4-108）。

图4-108

③将"公路"图层放置于"通道公路"上方,执行"图层"→"创建剪贴蒙版"命令,效果如图4-109所示。由于受图片大小的限制,远处公路没有贴图,需要用【仿制图章工具】修补,效果如图4-110所示。

图4-109

图4-110

④调节公路的色调。使用【加深工具】和【减淡工具】，将前景公路的颜色加深，远景公路的颜色减淡（图4-111）。

图4-111

⑤隐藏通道图层，观察公路贴图后的效果（图4-112）。

图4-112

任务四 制作配景

①制作远景

打开"配套光盘"/"高级篇2"/"项目实施"/"远景.jpg"文件，将其拖拽到效果图中，在"图层面板"中得到"远景"图层。选择"远景"图层并执行"自由变换"命令（Ctrl+T），根据效果图的比例调整远景图片的大小（图4-113）。

选择"远景"图层，在"图层面板"底端单击"添加图层蒙版按钮" ，为"远景"图层添加图层蒙版。然后使用【画笔工具】 并设置前景色为黑色，在【画笔工具】的工具属性栏中设置画笔的"不透明度"为20%，调节适当的画笔大小在远景图层蒙版上涂抹，制作朦胧的远景效果（图4-114）。

图4-113

图4-114

②添加植物

打开"配套光盘"/"高级篇2"/"项目实施"/"植物素材.psd"文件，根据需要为效果图添加植物。添加植物时须遵循由大到小，由近到远，由外及内，由绿到红，由整体到局部的顺序（图4-115、图4-116、图4-117）。

图4-115

图4-116

图4-117

图4-118

　　画面中的树木素材基本添加完毕后，为增添画面生动的效果，可以在画面中添加一些暖色调的树木素材。但要注意，这些树木仅起到点缀的作用，切不可喧兵夺主，因此数量不宜过多，形态要小巧精致（图4-118）。

　　最后，添加矮小的灌木。矮小的灌木能修饰画面中的不足，使画面更加饱满（图4-119）。

图4-119

③制作水景

打开"通道"图层，执行"色彩范围"命令将通道图层中橘色部分载入选区（图4-120）。然后，执行"图层"→"通过拷贝图层"命令（快捷键Ctrl+J），此时在图层面板中可见一个新图层，将其命名为"通道水面"（图4-121）。

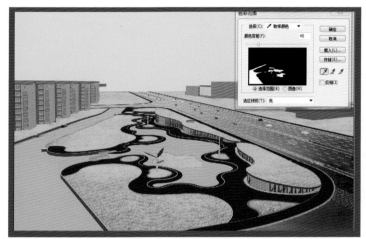

图4-120   图4-121

打开"配套光盘"/"高级篇2"/"项目实施"/"水.jpg"文件，将水面图片拖拽到效果图中。然后，执行"自由变换"命令，根据效果图的比例大小调整水面图片的大小（图4-122）。

注意在放置水面图片时，将水面的高光部分放置于画面中心的位置。

图4-122

用【仿制图章工具】修补画面，直至将水面区域填满（图4-123）。

图4-123

将"水面"图层放置于"通道水面"上方，执行"图层"→"创建剪贴蒙版"命令（图4-124）。

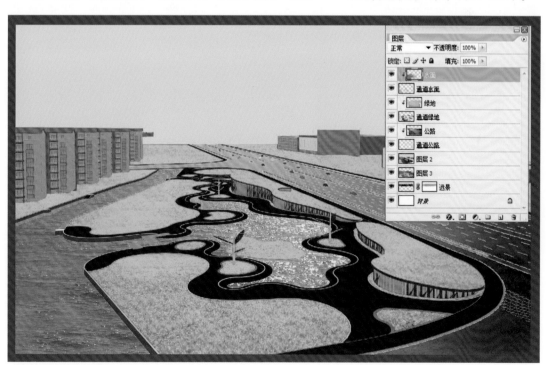

图4-124

使用【减淡工具】淡化远处水面的颜色（图4-125）。

图4-125

制作水景时，需要将水面的清澈感制作出来。通常这种清澈感不仅需要利用"图像"→"调整"命令，还需要多个图层叠加，并运用"图层混合模式"才能逐渐调节出来。

首先，调节水面的明度。执行"图像"→"调整"→"亮度/对比度"命令（图4-126），增加水面的亮度。

图4-126

在"图层面板"中，用鼠标右键点击"水面"图层，在弹出的菜单中选择"复制图层"，得到"水面副本"图层（注意该图层仍然是以剪贴蒙版的形式出现的）。选择"水面副本"图层，在"图层面板"上方设置"图层混合模式"为"叠加"，"不透明度"为40%（图4-127）。此时，水面的饱和度和对比度都略有增强。水面的最终效果如图4-127所示。

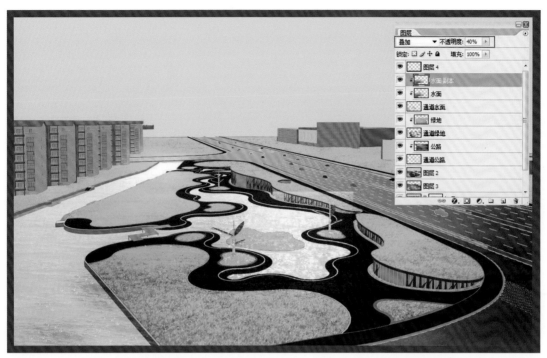

图4-127

接下来，制作水面植物及水边的配景（图4-128）。

图4-128

任务五　添加人物及其他

　　打开"配套光盘"/"高级篇2"／"项目实施"／"人物及其他.psd"文件，将人物、喷泉等素材拖拽到效果图中（图4-129）。

图4-129

任务六　整体调整

　　最后的调整是制作每一张效果图都必不可少的环节。本案中画面的整体调整主要是调整画面的色调及画面的层次感，应遵循近实远虚的原则。

　　首先，调整画面整体亮度。单击图层面板下方"创建新的填充或调整图层"按钮　，新建一个"亮度/对比度"调整图层（图4-130）。在弹出的"亮度/对比度"调板中微调，使画面变亮，对比度增强（图4-131）。

图4-130

图4-131

　　其次，调节画面层次感，将前景颜色加深。使用【矩形选框工具】<img>，框选出画面中需要加深的部分。在"图层面板"中新建一个图层命名为"前景深色调"并选择"前景深色调"图层，使用【渐变工具】<img>，在"工具选项栏"中设置渐变样式为"线性渐变"，渐变模式为"从前景到透明"，设置前景色为深蓝色，填充矩形选框（图4-132）。

图4-132

根据画面需要设置"前景深色调"图层的不透明度（图4-133）。

至此，公园鸟瞰图制作完成（图4-134）。

图4-133

图4-134

项目小结

　　鸟瞰图的后期处理过程看似复杂，但只要掌握了"色彩范围""创建剪贴蒙版""色彩调整"等基础命令和基本工具，制作一张粗略的鸟瞰图也并非难事。但是，鸟瞰图毕竟是室外建筑效果图后期处理最复杂的领域之一，要想制作一张完美的鸟瞰效果图，关键在于细节的把握。在制作过程中要把握好画面的透视效果、比例关系、光影和画面色彩的协调性，这需要制作者有足够的的耐心和细心。

作　业

　　结合本章所学，对"高级篇2/配套文件/作业"文件夹中的原图（图4-135）进行后期处理，最终效果可参考图4-136。

图4-135

图4-136